关于作者

戴厉骏

"90后"独立设计师、插画师、摄影师。中央美术学院艺术设计专业学士，英国皇家艺术学院文学艺术硕士。怀着对中国城市和文化的浓厚兴趣，于2022年开始以"好看的大力君"在小红书平台连载"建筑图鉴"系列插画，希望以插画图鉴的形式去探索、记录和分享全国各地的建筑、文化和风物。

叶智慜

"90后"独立插画师，本科就读于四川美术学院视觉传达专业，2016年毕业于首都师范大学美术学院，获得绘本插画方向硕士研究生学位。视觉中国金牌插画师、站酷推荐设计师、站酷2022年度创作者。作品多次参加北京国际设计周展览，多次入选《文化北京设计年鉴》，2019年作品入选联合国开发计划署全球动物大使与可持续发展目标主题明信片设计征集活动。

中国建筑大图鉴

VISUAL COMPENDIUM OF CHINESE ARCHITECTURE

戴厉骏　叶智愍　著

化学工业出版社
·北京·

内 容 简 介

在辽阔的中国大地上，历朝历代的建筑瑰宝犹如点点繁星，熠熠生辉。它们不仅是砖石构建出的实体，更承载着中国几千年的辉煌历史与文化积淀。本书以插画的形式，展示了中国建筑艺术从古到今的风貌，是欣赏和了解中国建筑的图像宝典。书中首先展示了城墙、宫殿、寺庙、书院、园林等典型的中国古代传统建筑，其次聚焦于近代中国建筑在风云变幻中的中西交融，最后更着眼于当代中国建筑在科技飞速发展下创作出的全新形象。

全书不仅以精美绝伦的画面直观表现了中国建筑的外观，也是广大建筑爱好者了解中国建筑及其背后的历史文化的有益读物，还可作为设计师、插画师、游戏美术师及广大美术从业者们的参考书籍。

图书在版编目（CIP）数据

中国建筑大图鉴/戴厉骏，叶智懋著.--北京：化学工业出版社，2025.1.--（视觉博物馆）.-- ISBN 978-7-122-46796-6

Ⅰ.TU-862

中国国家版本馆CIP数据核字第20247KX344号

责任编辑：孙梅戈　陈景薇　　　　　　　责任校对：李雨晴
装帧设计：戴厉骏　叶智懋

出版发行：化学工业出版社（北京市东城区青年湖南街13号　邮政编码100011）
印　　装：北京宝隆世纪印刷有限公司
889mm×1194mm　1/16　印张11¾　字数198千字　2025年5月北京第1版第1次印刷

购书咨询：010-64518888　　　　　　　　售后服务：010-64518899
网　　址：http://www.cip.com.cn
凡购买本书，如有缺损质量问题，本社销售中心负责调换。

定　　价：138.00元　　　　　　　　　　版权所有　违者必究

献给每一个热爱中国建筑的人——

愿这些图画带你穿越时空，

看见最美的华夏。

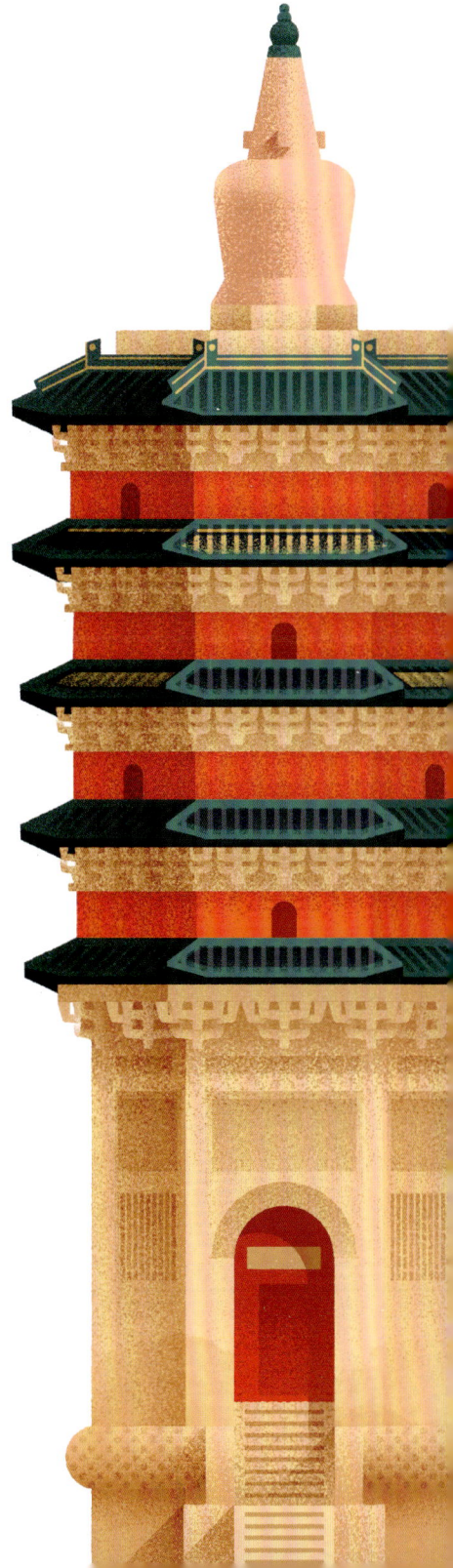

前 言

——中国建筑的视觉之旅

不知道你是不是也和我们一样，当驻足于北京故宫那绚烂的红墙金瓦之下时，心中不由轻声自问：这紫禁城内，究竟还有多少座宫殿？

漫步在上海外滩之时，眼前那绵延不绝的"万国建筑群"，每一座都展现着不一样的姿态，你是否也渴望一一揭开它们神秘的面纱？

驱车疾驰于长江大桥之上时，凌空飞跨大江的桥梁让人不禁遐想，在这浩渺的江面上还有多少座这般令人叹为观止的工程奇迹？

在古老而辽阔的中国大地上，历朝历代的建筑瑰宝犹如点点繁星，散落其间、熠熠生辉。它们不仅是砖石构建出的实体，更是承载着中国历史与文化的记忆碎片，镌刻着中华民族过往的辉煌与沧桑。这本书，希望做一位向导，引领你穿越时空的长廊，逐一探寻这片土地上的建筑奇迹。

作为插画工作者，我们一直希望可以用插画的形式描绘记录这个世界。于是，我们用了两年的时间，以画笔记录了中国大地上的建筑物。感谢化学工业出版社的邀约，让我们有机会把创作成果以图书的形式呈现给读者。

在这本书里，我们以时间为脉络，追寻中国建筑从古到今的流变。从古代城墙图鉴开始，细数包括西安城墙、南京城墙在内的十余座古城墙遗迹，由此开启了中国古代建筑的图鉴之旅。在接下来的章节里，我们进一步探索古代的城市里有哪些建筑，皇家宫苑里又是怎样的金碧辉煌，还有寄托了古人精神信仰的坛庙佛塔，读书人的书院、学府，以及反映古代娱乐生活的园林建筑。我们试图用图鉴的方式，将这些散布在全国各地的古建筑汇聚起来，拼凑出那未曾谋面的古代中国的模样。

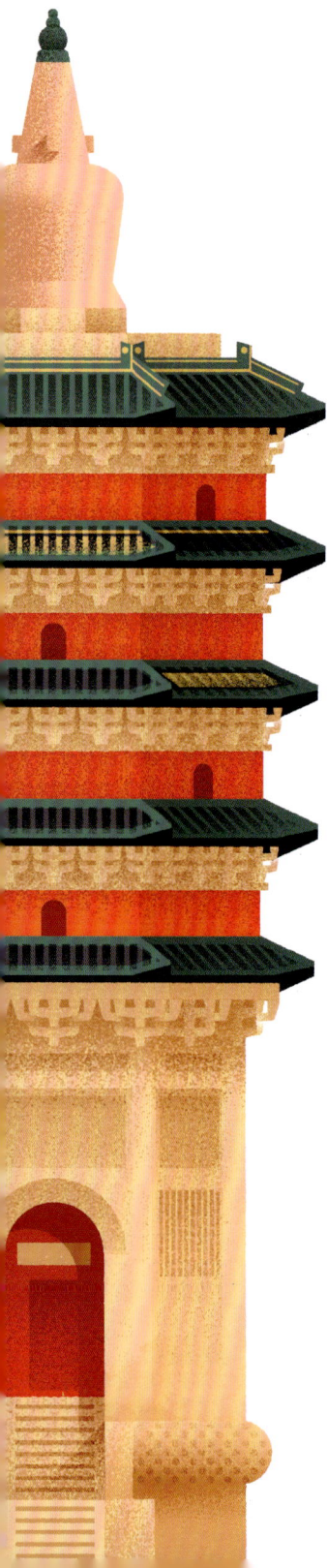

在近代建筑的部分，我们着重记录了全国几处规模较大的近代建筑群落，从上海外滩的"万国建筑群"，到北京的东西交民巷，再到天津五大道等，每一处都见证了时代变迁在建筑风貌上的深刻烙印。

而到了当代，建筑领域更是迎来了前所未有的变革。建筑形式日益多样，建筑的功能也发生了根本性的转变。相较于古代多为权力与宗教服务的建筑，当代建筑是服务社会与大众的。从繁忙的交通枢纽到丰富的文化场馆，科技的飞跃不仅造就了更为宏大的建筑规模，也更深刻地塑造了社会的面貌。

在中国这片历史悠久又充满活力的土地上，值得被记录与分享的建筑奇迹不胜枚举，一本书实在难以尽述。但我们希望这本图鉴成为一扇窗，引领更多读者朋友们跨越纸页，对建筑之美及其背后的历史文化产生兴趣。未来，我们还将继续前行，用图鉴和插画记录和分享更多中国故事。

大力（戴厉骏）和叶子（叶智憨）

2024 年 9 月

目 录

城墙内外的千年往事

1

筑墙

—

用最朴实的材料，
叠砌出最雄伟的建筑，
城墙见证了中国历史的沧桑巨变，
也守护着古代中国的千年文明。

西安城墙

西安城墙是中国建筑形制保存最完整的古代城墙防御系统。虽然西安城墙的规制不是现存明代城墙之最，但保存之完整、格局之方正，全国范围内无出其右。其中更有永宁门城堡这样复杂且完备的城门系统。时至今日，站在城门前的我们，依然会被这座超级工程所展现出的雄奇和智慧所震撼。这座四方之城仿佛一座博物馆，用沧桑的城砖讲述着城墙的故事。

在西安城墙的城门中，南门永宁门的建筑最为精彩。永宁门作为西安的南大门，是一道由"月城门、瓮城门、内城门"和"闸楼、箭楼、敌楼"组成的"门三重、楼三重"的复合防卫系统。经过修复的永宁门重现了当年的规制，是西安所有城门里结构最完整的一座城门。

马道
城墙内侧用于登城的坡道，不仅可以方便守城士兵快速登城，还可以方便运送物资的马匹车辆登城。

箭楼
箭楼建于瓮城之上，永宁门箭楼上开了足足 48 个用来料敌射箭的射孔，看到如此规模的射孔就不难想象这座箭楼万箭齐发的威力了。

月城和闸楼
通过吊桥后便是永宁门的第一道城墙——月城以及月城闸楼。在冷兵器时代，多一道城墙就是多一重保障，月城就是建在瓮城之外，用来拱卫瓮城的第三重城墙。

吊桥
吊桥是护城河上唯一的通道。在古代，吊桥通常是早晨放下，傍晚拉起。战时，吊桥则成了城防的重要一环，守者可以拉起吊桥，御敌于护城河外；二者可以先放下吊桥，诱敌入城后再拉起吊桥，断敌后路。

敌楼

经过瓮城才能到达最后一道城门，也就是永宁门的正门，城门上修筑有气势宏伟的两层三重檐敌楼，这里是战时守城将领坐镇指挥的地方。永宁门敌楼建于明初（1374年—1378年），历经修葺保存至今。

瓮城

进入月城后就来到了瓮城脚下，瓮城是守护主城门的第二重城墙，瓮城的作用就像它的名字一样，用来"瓮中捉鳖"：将敌军引入瓮城后，关闭城门，在瓮城之中围而歼之。

护城河

护城河是整个城防系统的第一道防线，也是古代城防系统里必不可少的防御工事之一。西安城墙的护城河经过明清两代数次拓宽加深，形成了一条最宽处45米，深达6米，总长度14.6千米的护城河。

敌台（马面）

敌台可以说是西安城墙最为震撼的部分，一座座从墙壁上凸起的敌台，让本就高大的城墙更多了一分固若金汤的即视感。敌台又被称为"马面"，这些结构不仅让城墙看起来更加坚固、壮观，而且还起到了重要的防御作用。

敌台

西安城墙的敌台凸出墙面 8~12 米，宽度约为 20 米。每座敌台上均设有一座敌楼，供军队瞭望、传令、存放物资及巡逻休息。目前西安城墙上的敌楼为 20 世纪 80 年代复建的。

敌台的作用

没有敌台的城墙，很容易形成对守城不利的射击死角（如图中蓝色区域所示）。而凸出的敌台则消除了射击死角的隐患，进一步提高了城墙的防御能力。

没有敌台的城墙

有敌台的城墙

角台与角楼

可以将角台理解成位于城墙转角处的敌台，西安城墙的四个转角处设有四座角台，角台上同样配备有类似敌楼的建筑——角楼。

敌台之间的距离

西安城墙每隔 120 米就有一座敌台，这一距离是基于弓箭的射程确定的。古代弓箭的有效射程约为 60 米，因此 120 米是两座敌台的火力可以覆盖的最大距离。

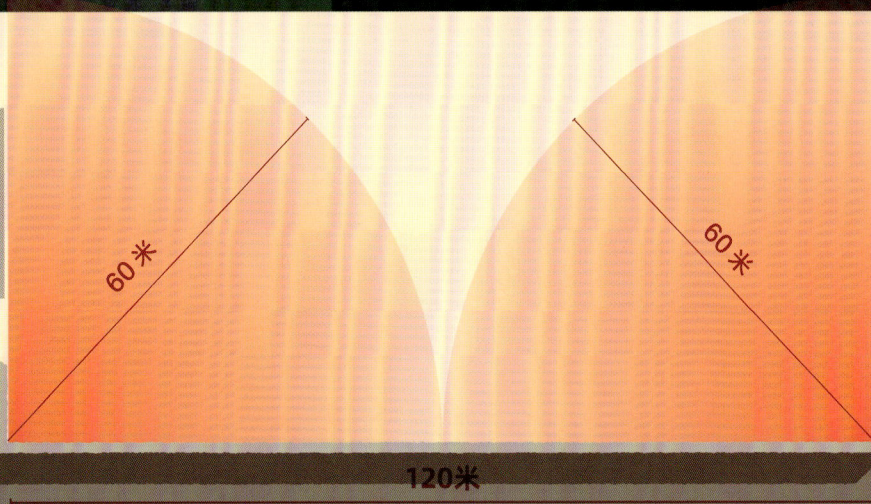

60 米

60 米

120米

"七拐八绕"的世界第一

南京京城城墙周长 35 千米，围合面积达到惊人的 41 平方千米。城墙平均高度 20 米，最低处也有 11~12 米，最高处则达到 26 米。可见这座"高坚甲于海内"❶ 的古代城垣果然名不虚传。

而这样一座象征着无上皇权的京城城墙在形制上却是一点也不符合传统城池四四方方的特点。城墙的走势看起来七拐八绕，实则是借助南京城的山水之势，在前朝旧城的基础上，以秦淮河、玄武湖和长江为险，围合了尽可能大的面积。比起开挖人工的护城河，以天然宽阔水系作为护城河自然是更高明的选择，这样的设计注定了这座城池的工程体量之大史无前例。

❶ 出自顾起元《客座赘语》，旨在称赞南京城墙的高度和坚固程度举世无双。

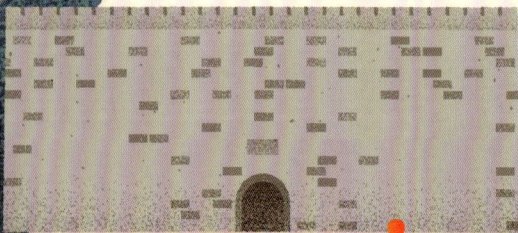

钟阜门

金川门

玄武门

玄武门，初名丰润门，始建于 1908 年，是南京古都城门中最"年轻"的一座。为迎接 1910 年在南京举办的南洋劝业会，清政府在此开设城门，旨在将玄武湖打造成对公众开放的公园，供游人领略湖光山色。

定淮门

清凉门

清凉门因坐落于清凉山而得名，是南京城墙现存四座明代城门中的一座。而附近就是有鬼脸城之称的石头城遗址。

石城门

相传三国时期，孙权筑的石头城在此处设有一门，石城门则是因明朝在此地的城基上加筑瓮城而得名。石城门是南京城墙现存四座明代城门中的一座。

三山门

中华门

中华门原名聚宝门，因城门对着城南聚宝山而得名，也有传说是因城下镇压着明初富商沈万三的聚宝盆而得名。中华门是目前世界上现存规模最大的瓮城，也是南京城墙现存四座明代城门中的一座。

仪凤门

仪凤门在明朝因与钟阜门相对，取"龙凤呈祥"之意而得名。仪凤门与钟阜门也是南京城里距离最近的两座城门，直线距离仅隔 500 米。今天看到的仪凤门是当代在原址上复建的三拱券城门。

神策门

神策门依山而建，是南京城墙现存四座明代城门中的一座。相传因名为"神策军"的禁军驻扎此处而得名。神策门也是南京城墙唯一一座保存有古代修建的城楼的城门，该城楼修建于清代。

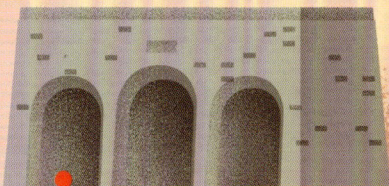

太平门

太平门是明朝皇宫轴线上的北门。相传门外三法司刑部时常传来囚犯的哀呼声，此门因百姓期盼城内太平而得名。今天看到的太平门是当代在原址上复建的三拱券城门。

玄武湖

紫金山
448.2米
▼

南京的四重城墙

南京作为明朝的开国都城，从内至外筑有四重城墙，分别是宫城城墙、皇城城墙、京城城墙和外郭城墙，以此确保都城安全。总围合面积达到 230 平方千米。

外郭城
京城
宫城
皇城

0   4千米

230km²
外 郭 城

皇城
宫城
西安门
东华门
午门
通济门
正阳门

◀ 中山门

中山门原名朝阳门，因位于城东，最先迎接太阳而得名，是南京城的东大门。目前的城门是 1927 年将原来的单拱券门洞扩建为今天看到的三拱券可通车的形制。

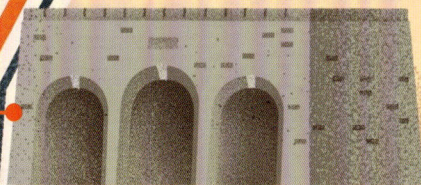

图例

— 现存城墙
┈ 已拆除或损毁的城墙
▬ 京城城墙围合区域
▬ 外郭城墙围合区域
● 现存古代城门
○ 已拆除或损毁的古代城门

比例尺

0   1千米   2千米

国家的城墙

长城的历史可以追溯到西周，战国时代就有关于"长城"一词的文字记载。经过历朝历代的增补、修建，最终形成了今天的"万里长城"。两千多年间，长城一直作为中原王朝最为重要的护卫屏障，屹立于北部边疆。长城的墙体是长城作为防御工事的主体建筑，长城的关隘则是长城可以有效运转的关键所在。这些关隘是长城最重要的驻兵据点，通常建在险要之地，以达到"一夫当关，万夫莫开"的目的。关隘的建筑相较于长城墙体来说更为坚固和复杂。相较于在高

山深壑里的长城城墙，关隘往往更为人们所熟知，比如"天下第一关"山海关、"春风不度玉门关"的玉门关等等。漫长的长城防线上，曾经布满了大大小小近千处关隘，这些曾经的军事堡垒有些因地处偏远年久失修而损毁，有些经过保护和修缮依然不减当年雄姿。本小节图鉴收录了长城现存的部分关隘建筑，包含著名的山海关、嘉峪关以及明清时期所谓的内三关、外三关共24座关隘建筑。

山海关
河北　秦皇岛

黄崖关
天津

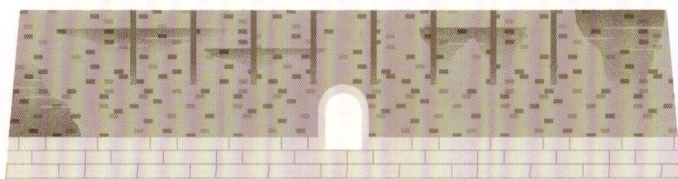

将军关
北京

墙子雄关
北京

大寒岭关
北京

大境门
河北　张家口

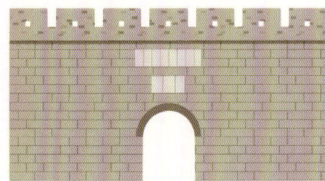

紫荆关
河北　保定

马岭关
河北　邢台

支锅岭关
河北　邢台

黄榆关
河北　邢台

娘子关
山西　阳泉

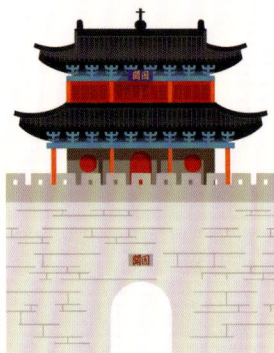

固关
山西　阳泉

杀虎口
山西　朔州

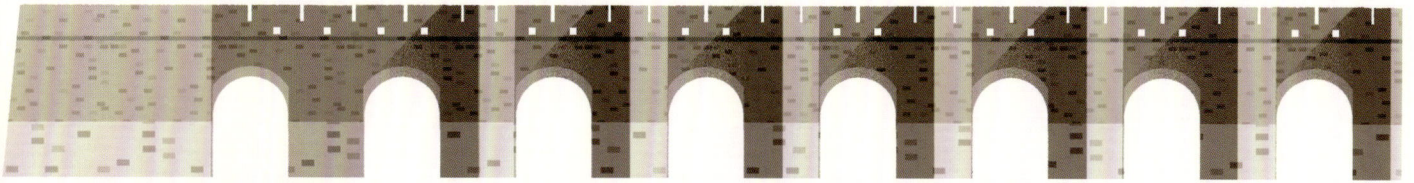

九门口
辽宁 葫芦岛

居庸关
北京

古北口
北京

鹿皮关
北京

倒马关
河北 保定

平型关
山西 忻州

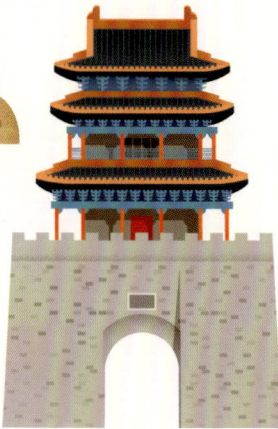

偏头关
山西 忻州

雁门关
山西 忻州

宁武关
山西 忻州

嘉峪关
甘肃 嘉峪关

玉门关
甘肃 敦煌

全国城墙图鉴

明中都宫城城墙

坐落于：安徽 凤阳

始建于：明

长度：现存约 1.1 千米

代表城门：午门

凤阳明中都是明朝开国皇帝朱元璋于 1369 年开建的新都城，却因种种原因最终没有落成。至今依然清晰可见形同北京故宫的护城河、宫墙和午门遗址。明中都皇宫可以说是北京故宫的兄弟宫殿，从宫墙的遗迹推测当年的皇宫规模甚至要大于后来修建的北京故宫。

明中都宫城城墙示意图

▬▬ 现存城墙
▨ 城墙围合区域
● 现存古代城门

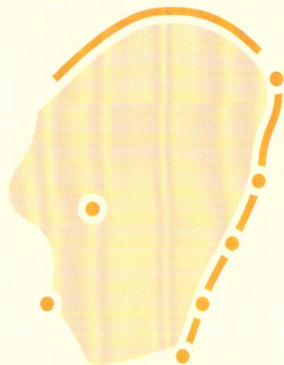

端州宋城墙

坐落于：广东 肇庆

始建于：宋

长度：现存约 2.8 千米

代表城门：朝天门

肇庆城墙早在宋代就有以砖筑城的记载，历经近千年保存至今。城墙上依然可见不同年代的城砖，仿佛一座历代城砖博物馆。北部城墙上有一座名为"披云楼"的瞭望楼，因地处该段城墙最高处，常有云雾缭绕而得名。目前看到的披云楼是 1989 年在原址上复建的。

端州宋城墙示意图

▬▬ 现存城墙
▨ 城墙围合区域
● 现存古代城门

0 ⟼ 1千米
比例尺

汀州古城墙

坐落于：福建 长汀

始建于：唐

长度：现存约 3.0 千米

代表城门：广储门

汀州古城墙始建于唐代，现存规制形成于明清。因城墙依山临水修筑，形制仿佛一串佛珠挂在山峦之上，故称为"佛挂珠"。而城中的广储门则是唐代筑城时遗留下来的城门，历经修葺保留至今。

汀州古城墙示意图

▬▬ 现存城墙
▨ 城墙围合区域
● 现存古代城门

0 ⟼
比例尺

0 ⟼ 1千米
比例尺

▲
午门
明中都宫城城墙

▲
披云楼
端州宋城墙

▲
广储门
汀州古城墙

宁远古城墙

坐落于：辽宁 兴城
始建于：明
长度：现存约 3.2 千米
代表城门：延辉门

兴城城墙的前身是明宣德年间（1428年）修筑的宁远城的内城，墙体为夯土包砖，为当时的明朝军民在此抗击外敌时所修筑。兴城城墙规格十分方正，全长约3.2千米，东西南北各长800米。虽然长度不及西安、荆州、平遥的城墙，却同样是我国现存最完好的四座古代城墙之一。

宁远古城墙示意图

— 现存城墙
▢ 城墙围合区域
● 现存古代城门

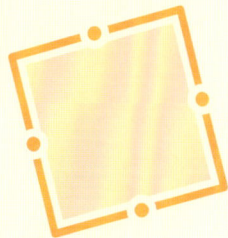

0 ————— 1千米
比例尺

台州府古城墙

坐落于：浙江 临海
始建于：东晋
长度：现存约 4.7 千米
代表城门：揽胜门、靖越门

台州府城墙始建于南朝，现存的城墙为北宋年间修筑，后历经数次修缮。而其中最让其闻名于世的是北段依山势而修筑的城墙上独特的敌台，据说这种双层空心的敌台是明代将军戚继光镇守台州打击倭寇时发明的，而后这种设计被普遍应用在了明代长城的敌台上。这也让台州府城墙有了"江南长城"的称谓。

台州府古城墙示意图

— 现存城墙
▢ 城墙围合区域
● 现存古代城门

0 ————— 1千米
比例尺

归德府古城墙

坐落于：河南 商丘
始建于：明
长度：现存约 4.4 千米
代表城门：拱阳门

现存的商丘古城墙为明代归德府的府城城墙，始建于明正德年间（1511年），其最具特色的是方形城墙外的圆形护城湖以及护城堤。从空中俯瞰，整座城池呈现外圆内方的形制，十分少见。

归德府古城墙示意图

— 现存城墙
▢ 城墙围合区域
● 现存古代城门

0 ————— 1千米
比例尺

▲
延辉门
宁远古城墙

▲
揽胜门
台州府古城墙

▲
拱阳门
归德府古城墙

正定古城墙

坐落于：河北 石家庄

扩建于：明

长度：现存约 5.2 千米

代表城门：长乐门

正定的筑城史可以追溯到十六国时期的前燕政权。今天的正定城墙则是明隆庆年间（1571 年）修建的砖墙遗存。城墙全长 12 千米，近年来修复了约 5.2 千米。正定在历史上曾经与北京和保定并称"北方三雄镇"。

正定古城墙示意图

— 现存城墙
城墙围合区域
● 现存古代城门

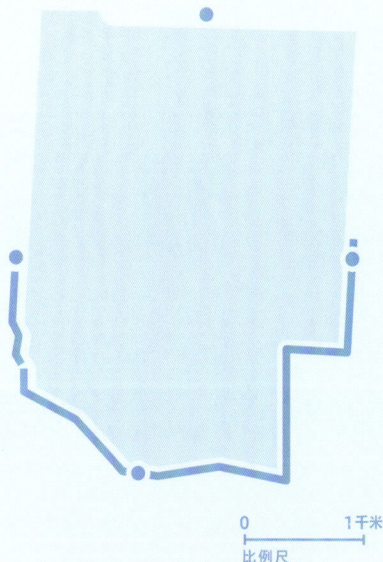

0　　　1千米
比例尺

襄阳古城墙

坐落于：湖北 襄阳

修筑于：明

长度：现存约 6.0 千米

代表城门：临汉门

襄阳的筑城史可以追溯到汉代，而作为兵家必争之地的襄阳城同样难逃数次损毁和重建的命运。今天看到的襄阳城墙是明代修建的夯土包砖城墙。因其坐拥宽阔的护城河，易守难攻，又有"华夏第一城池"的美誉。

襄阳古城墙示意图

— 现存城墙
城墙围合区域
● 现存古代城门

0　　　1千米
比例尺

平遥古城墙

坐落于：山西 平遥

扩建于：明

长度：约 6.2 千米

代表城门：迎薰门

平遥城墙迄今为止依然保留着明初建时的模样，东、西、北三面平直，面则利用天然河流作为护城河而开蜿蜒。平遥不仅以古城闻名，其完保存的古代城墙也同样让人印象深是我国四座完整保存的古代城墙之一

平遥古城墙示意图

— 现存城墙
城墙围合区域
● 现存古代城门

长乐门
正定古城墙

临汉门
襄阳古城墙

迎薰门
平遥古城墙

寿县古城墙

坐落于：安徽 寿县

重建于：宋

长度：约 7.1 千米

代表城门：通淝门

寿县古城墙是我国保存最完好的古代城墙之一，周长 7.1 千米。寿县作为古代军事重镇，城墙一直被修缮。今天我们依然可以在寿县城墙的城砖上看见来自南宋的铭文。

寿县古城墙示意图

▬▬▬▬ 现存城墙

▭ 城墙围合区域

● 现存古代城门

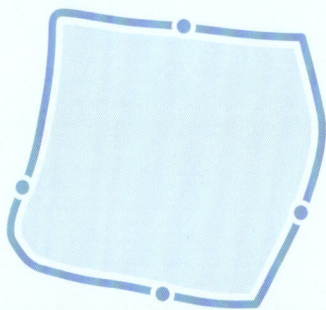

0 1千米
比例尺

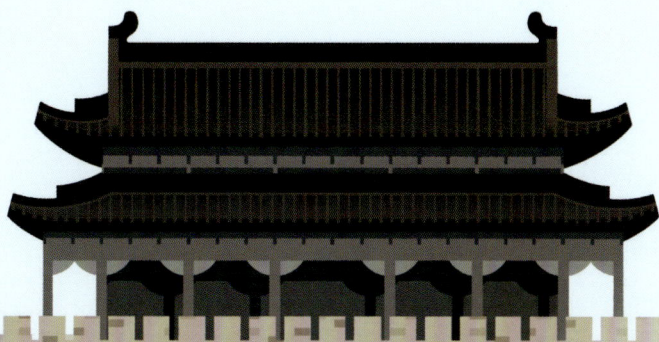

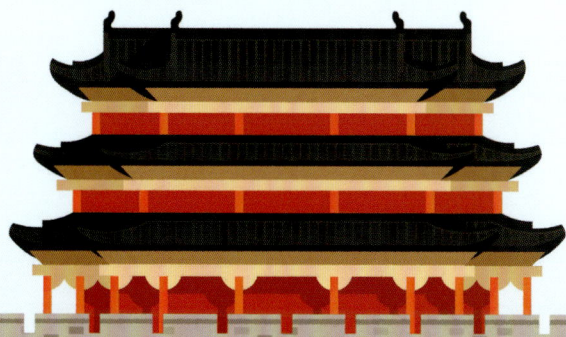

通淝门
寿县古城墙

大同古城墙

坐落于：山西 大同

扩建于：明

长度：约 7.4 千米

代表城门：永泰门

今天看到的大同城墙是明初修筑的，整体呈南北略长的长方形规制，周长 7.3 千米。21 世纪后，经过修缮和重建，大同城墙得以重现往日的巍峨。

大同古城墙示意图

▬▬▬▬ 现存城墙

▭ 城墙围合区域

● 现存古代城门

0 1千米
比例尺

永泰门
大同古城墙

宣化古城墙

坐落于：河北 张家口

重筑于：明

长度：现存约 10.5 千米，全长约 12 千米

代表城门：昌平门

今天看到的宣化古城墙为明洪武年间重修的，周长约 12 千米，规制基本呈正方形。大部分的城墙经过修缮后保存完好，其中部分地段依然可以看到被时光洗礼过、城砖脱落后的夯土城墙。

宣化古城墙示意图

———— 现存城墙

▨▨▨ 城墙围合区域

● 现存古代城门

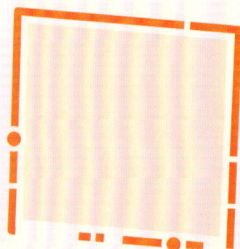

0   1千米   2千米
比例尺

荆州古城墙

坐落于：湖北 荆州

重筑于：清

长度：约 11.8 千米

代表城门：安澜门、寅宾门等

荆州城的筑城史可以追溯到东汉，之后的漫长岁月里荆州城一直是兵家必争之地，几经损毁又几度重建。今天我们看到的荆州城墙是清顺治年间（1646 年）重修的包砖夯土城墙。而完整保存的城墙也让荆州城墙成为我国四座得以完整保存的古代城墙之一。

荆州古城墙示意图

———— 现存城墙

▨▨▨ 城墙围合区域

● 现存古代城门

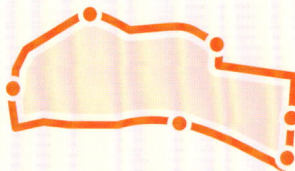

0   1千米   2千米
比例尺

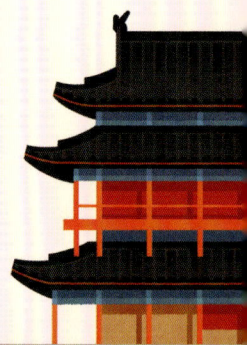

西安古城墙

坐落于：陕西 西安

修筑于：明

长度：约 13.7 千米

代表城门：永宁门、安定门等

西安城墙拥有全国现存最长的整城垣，是我国保存最完好的一座古代城墙之一。时至今日，我们依然可以登临这座古城墙，成近 14 千米的环城之旅。而西安城墙经过修缮，保留有多城门防御系统，其中南门永宁的防御系统最为精彩。

西安古城墙示意图

———— 现存城墙

▨▨▨ 城墙围合区域

● 现存古代城门

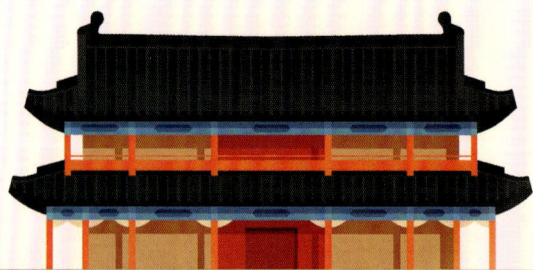

▲
昌平门
宣化古城墙

▲
拱极门
荆州古城墙

▲
永宁门
西安古城墙

开封古城墙

坐落于：河南 开封

修筑于：明

长度：现存约 14.4 千米

代表城门：安远门、大梁门

开封城墙全长 14.4 千米，历史上因战乱或水患几经损毁，但又一次次被修缮，至今依然保留有大部分城墙。开封城墙的规制因作为北宋都城而达到顶峰，之后经过明代的包砖和清代的扩建，基本形成今天我们看到的格局。

开封古城墙示意图

— 现存城墙

城墙围合区域

● 现存古代城门

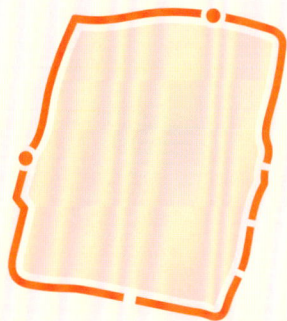

0　1千米　2千米
比例尺

南京京城城墙

坐落于：江苏 南京

修筑于：元末明初

长度：现存约 25.1 千米

代表城门：中华门、神策门、汉西门等

南京的筑城史可以追溯到战国时期，而今天我们看到的城墙则是明初修筑的京城城墙。南京城墙全长 35 千米，围合面积达到 41 平方千米。南京城墙不仅在长度上为城市城垣之最，在高度上也十分惊人，其中最高点达到了 26 米，而最低点也有 12 米左右，同样为现存城市城墙之最。

南京京城城墙示意图

— 现存城墙

城墙围合区域

● 现存古代城门

0　1千米　2千米
比例尺

0　1千米　2千米
比例尺

▲
安远门
开封古城墙

▲
神策门
南京京城城墙

15

2

古城里面
有什么？

——

走进古城，
窥见古代中国的模样。

平遥古城里有什么？

在中国的众多古城中，如果说哪一座城拥有穿越时空的魔法，平遥古城一定是绕不开的那一座。平遥古城仿佛被时间遗忘，城市的格局、街道、建筑、庙宇依然保持着数百年前的模样。保存完好的城墙、县衙、文庙、道观、镖局等建筑，让我们有幸跨越时间的鸿沟，走进数百年前的古代中国，窥见古代城市的模样。

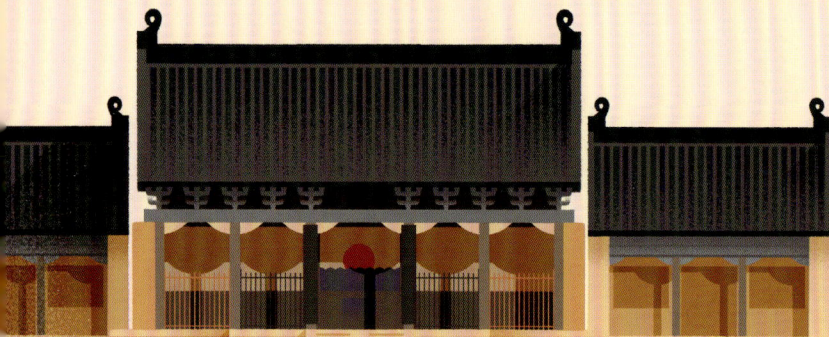

市楼

高高矗立在平遥古城市中心的市楼，是一座三重屋檐的阁楼式高层木构建筑，高达 18.5 米，相信在古代它也会是这座城市的地标建筑。平遥市楼的始建年代已不可考，重修于清康熙二十七年（1688 年）。

平遥县衙

县衙作为古代官署所在地，是古代城市的重要组成部分。平遥县衙是中国保存最完整的古代县衙之一，始建于北魏，历经元、明、清三朝改扩建后形成目前的建筑格局，总面积达到了 26600 余平方米。

平遥县衙观风楼

文庙

古代中国，几乎每个城市都有文庙。如果说衙门维护的是古代城市的社会秩序，那文庙承载的则是传承千年的儒家传统思想文化。文庙作为儒家思想的具象化体现，在古代中国城市中一直扮演着重要的角色。平遥现存的文庙据考建于金大定三年（1163 年），是全国现存文庙中唯一的金代建筑。

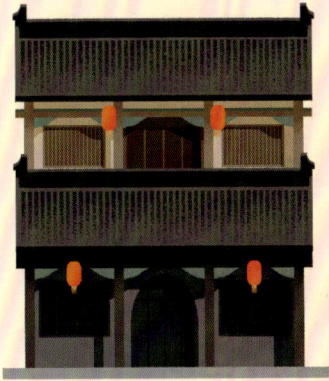

大仙楼

大仙楼建于元至正六年（1346 年），是平遥县衙中年代最为久远的建筑。

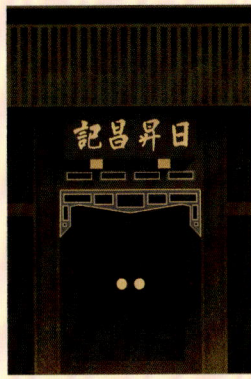

日升昌票号

古代的票号类似于今天的银行，提供存款、汇兑等金融服务。清道光三年（1823 年），中国第一家票号——日升昌诞生在平遥，被誉为"中国现代银行业的鼻祖"。在其发展鼎盛时期，业务一度拓展到日本、新加坡等国家。票号业的兴起也让那时的平遥成为全国金融业的中心。

马家大院大门楼

马家大院是"平遥四大家族"之首、清代巨商马中选的故居。

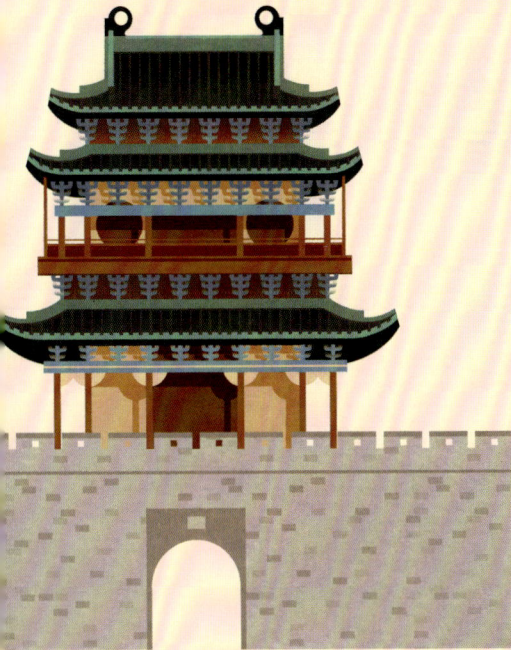

清虚观 ▶

清虚观是平遥古城内最大的道观，始建于唐显庆二年（657年）。清虚观坐落于平遥古城的东侧，据说这是按照"道东佛西"的传统布局的。

平遥城墙南薰门

二郎庙

二郎庙是供奉道教正神二郎神的庙宇，平遥古城里的二郎庙建于清代。

城隍庙

平遥古城的城隍庙始建年代已不可考，明清两代均有重修。

同兴公镖局

随着票号业务的兴盛，钱财物资运输的安全自然成了重中之重，而镖局就是运输安全的保障。平遥的同兴公镖局就是那个时代全国最大的几个镖局之一。

北京二环里的古迹

在北京老城，除了紫禁城这一古代政治中心外，还有大量的皇家祭坛、园林、王府、庙宇、楼阁、民居等传统建筑。这些建筑依据中国传统的皇城规划理论建造而成，以紫禁城为中心，在北京城的中轴线两侧铺陈开来。这些古迹不仅向我们展现了皇城建筑的恢宏大气，更让我们得以窥见一座古代超级城市的模样。本小节图鉴收录了北京二环以内被列为全国重点文物保护单位的部分古迹。

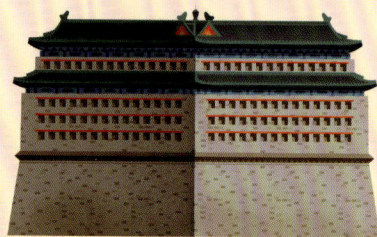

▲
北京城东南角楼
【明】

▲
长椿寺
【清】

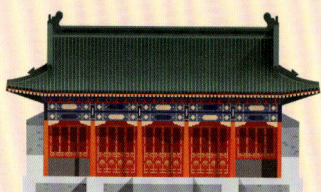

▲
恭王府
【清】

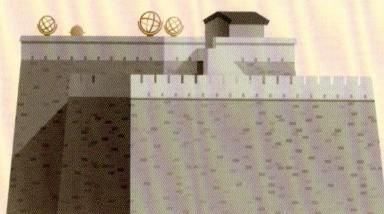

▲
古观象台
【明】

▲
鼓楼
【明、清】

▲
皇史宬
【明】

▲
北京孔庙
【元至清】

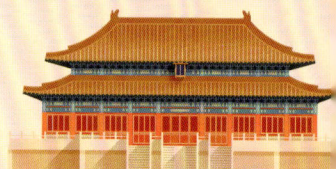

▲
历代帝王庙
【明、清】

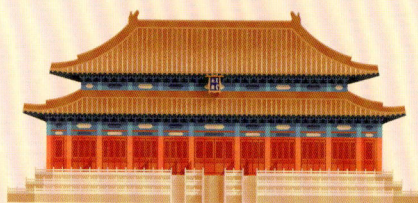

▲
太庙
【明至清】

▲
天坛
【明】

▲
文丞相祠
【明至清】

▲
北海（西天梵境大慈真如宝殿）
【明、清】

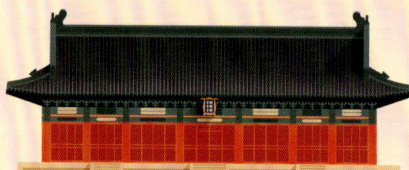

▲
先农坛
【明、清】

▲
雍和宫（万福阁）
【清】

▲
北海（永安寺）
【清】

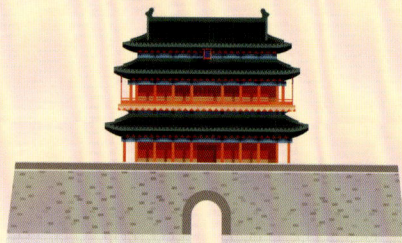

▲
正阳门
【明至清】

▲
正阳门箭楼
【明至清】

广济寺
【清】

崇礼住宅
【清】

法源寺
【清】

妙应寺白塔
【元】

故宫
【明、清】

国子监
【清】

湖广会馆
【清】

景山万春亭
【清】

普度寺
【清】

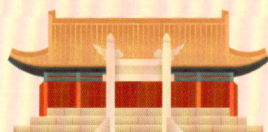

社稷坛
【明至清】

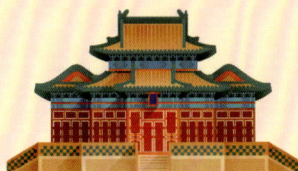

团城
【明、清】

万松老人塔
【元、清】

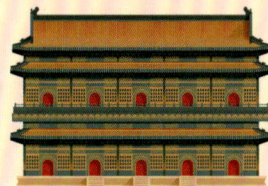

北海（西天梵境琉璃阁）
【清】

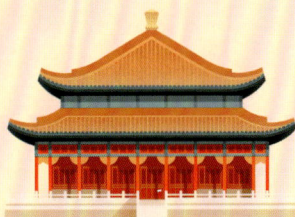

小西天中央大殿
【清】

钟楼
【明、清】

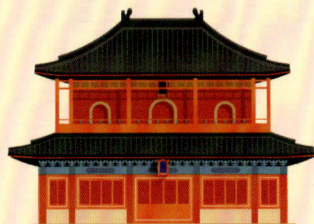

智化寺
【明】

智珠寺
【清】

21

古城里的钟鼓楼

在中国古代，钟鼓楼是用以报时的公共性楼阁建筑。中国的钟鼓楼建造历史可以一直追溯到汉代。在没有钟表的年代，回荡在每一座城市上空的钟鼓声，成为古代中国的背景音，伴随着这个国家走过千年的时光。今天，晨钟暮鼓的回响已经离我们远去，但许许多多的钟鼓楼建筑却依然矗立在城市的中心，默默地讲述着过去的故事。本小节图鉴收录了全国各地保存完好的钟鼓楼建筑。

安庆谯楼（鼓楼）
安徽 安庆

鸣霜楼（钟楼）
河北 保定

北京钟楼
北京

镇淮楼（鼓楼）
江苏 淮安

惠远钟鼓楼
新疆 伊犁

太谷鼓楼
山西 晋中

靖江钟楼
江苏 泰州

北京鼓楼
北京

南京鼓楼
江苏 南京

南通钟楼
江苏 南通

平阳鼓楼
山西 临汾

泸州钟鼓楼
四川 泸州

泉州钟楼
福建 泉州

天津鼓楼
天津

西安鼓楼
陕西 西安

昭明台（钟鼓楼）
湖北 襄阳

兴城钟鼓楼
辽宁 葫芦岛

榆林鼓楼
陕西 榆林

运城鼓楼
山西 运城

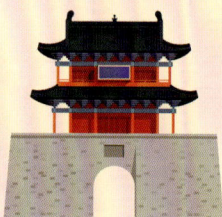
赤城鼓楼
河北 张家口

清远楼（钟楼）
河北 张家口

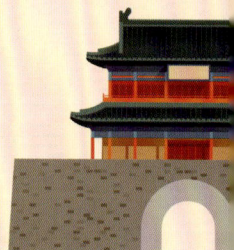
镇朔楼（鼓
河北 张家口

大同鼓楼
山西 大同

边靖楼（鼓楼）
山西 忻州

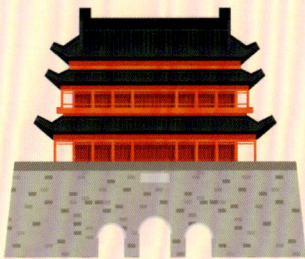

中都谯楼（鼓楼）
安徽 滁州

海口钟楼
海南 海口

杭州鼓楼
浙江 杭州

酒泉鼓楼
甘肃 酒泉

开封鼓楼
河南 开封

光岳楼（鼓楼）
山东 聊城

洛阳鼓楼
河南 洛阳

海曙楼（鼓楼）
浙江 宁波

山海关钟鼓楼
河北 秦皇岛

威远楼（鼓楼）
福建 泉州

仪征鼓楼
江苏 扬州

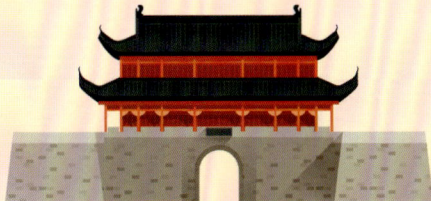

袁州谯楼（鼓楼）
江西 宜春

银川鼓楼
宁夏 银川

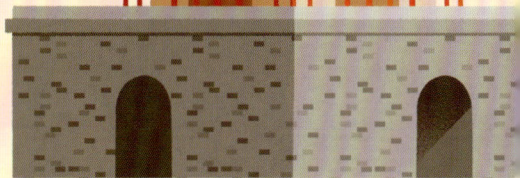

涿鹿鼓楼
河北 张家口

镇远楼（鼓楼）
甘肃 张掖

中卫鼓楼
宁夏 中卫

西安钟楼
陕西 西安

中国古城巡礼

除了平遥和北京，中国还有大量的古城镇保留着曾经的模样，在市郊、在山里、在边疆，它们用一砖一石刻录下时光流逝的痕迹，用风土人情讲述着当地特有的故事。本小节图鉴收录了国内部分古城镇，每座城镇都以其标志性建筑作为代表。

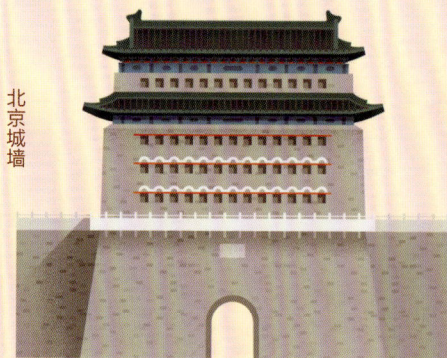

北京城墙

广济门

▲ 北京老城
北京

横道河子火车站

▲ 横道河子镇
黑龙江 海林

▲ 宏村镇
安徽 黄山

中天楼

▲ 阆中古城
四川 南充

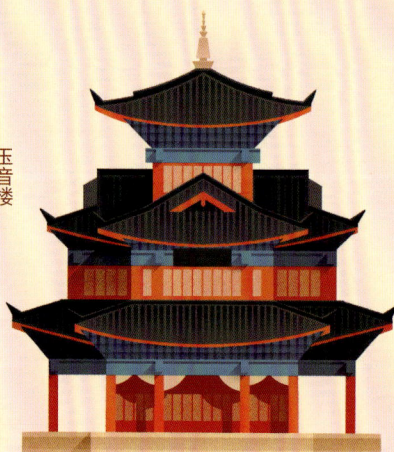

玉音楼

▲ 丽江古城
云南 丽江

市楼

▲ 平遥古城
山西 晋中

文庙

▲ 漳州古城
福建 漳州

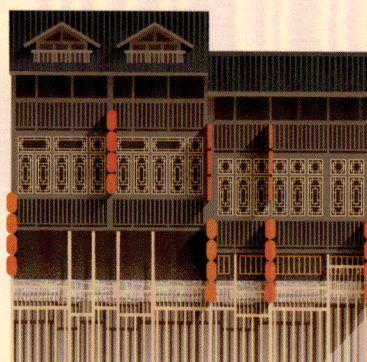

吊脚楼

▲ 中山古镇
重庆

潮州古城
广东 潮州

风雨楼

凤凰古城
湖南 湘西土家族苗族自治州

许国石坊

徽州古城
安徽 黄山

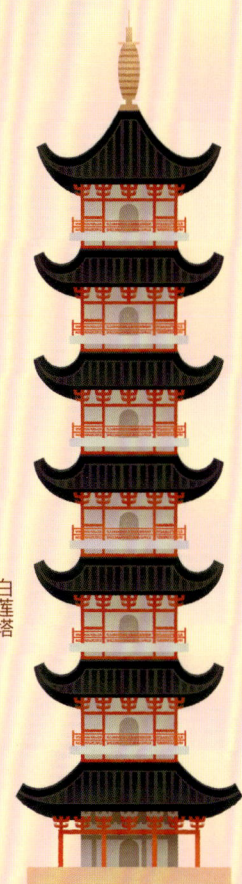

喀什古城
新疆 喀什

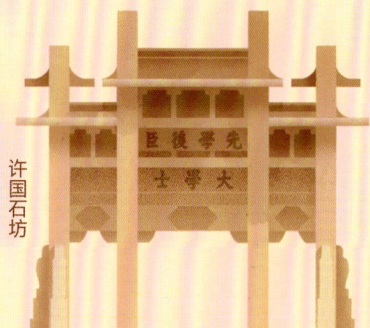

白莲塔

乌镇古镇
浙江 嘉兴

刺史牌坊

西递镇
安徽 黄山

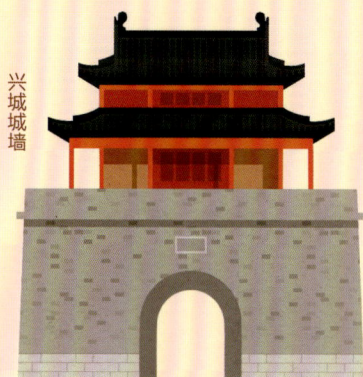

兴城城墙

兴城古城
辽宁 葫芦岛

周庄古镇
江苏 苏州

放生桥

朱家角镇
上海

25

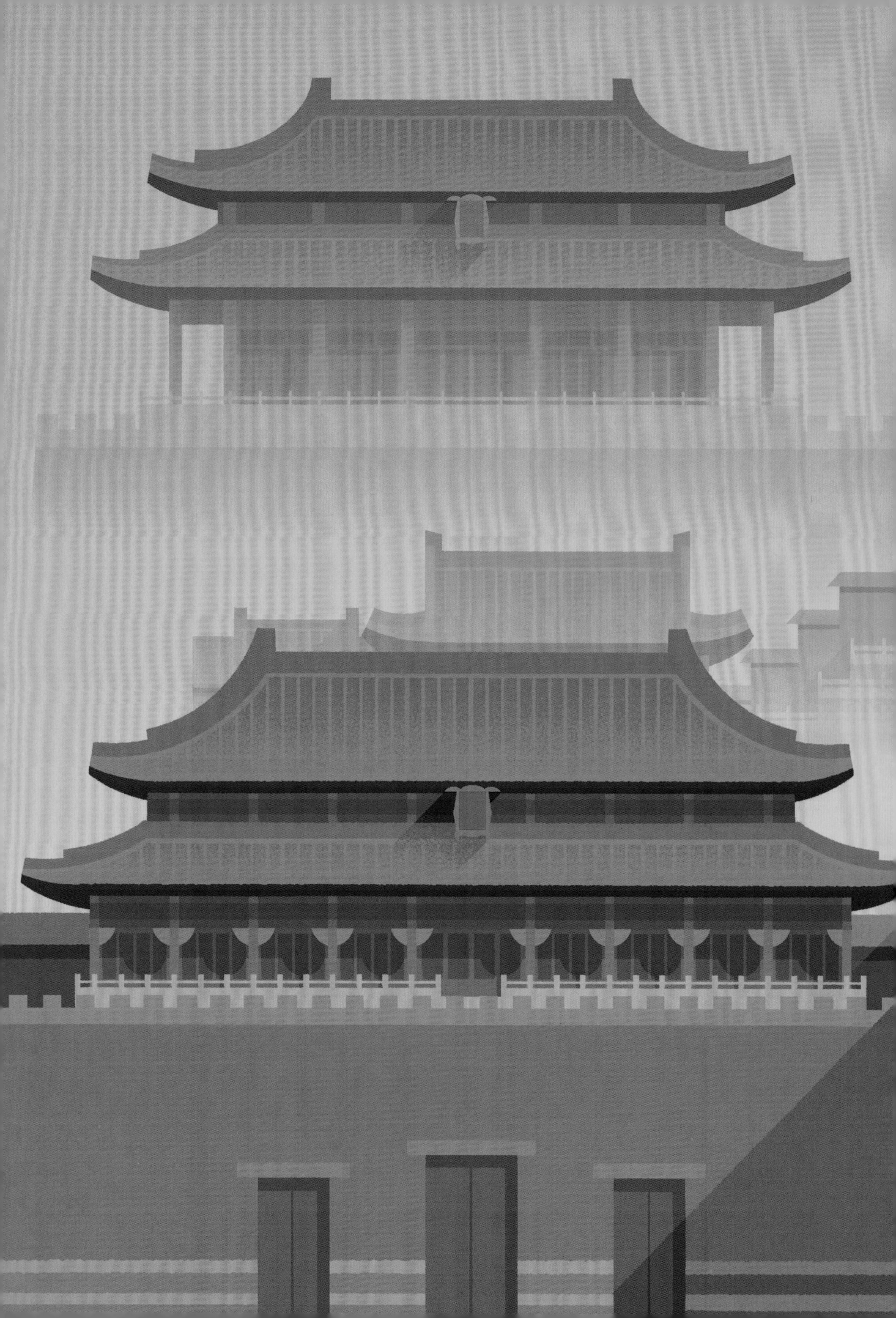

3

金碧与
辉煌

——

当权力与建筑在这片古老的土地上交汇，
中国古代最为壮观的建筑形式应运而生。

沈阳故宫

沈阳故宫始建于 1625 年，是清朝统治者在入关之前的皇宫，是目前国内仅存的两座明清皇宫建筑群之一。沈阳故宫占地约 6 万平方米，分为东、中、西三路。

崇谟阁

清宁宫

九间殿

麟趾宫

仰熙斋

凤凰楼

文溯阁

继思斋

永福宫

保极宫

嘉荫堂

迪光殿

协中斋

扮戏房

霞绮楼

崇政殿

翔凤阁

大清门

西路建筑群

沈阳故宫的西路建筑主要是在清乾隆年间修建的，这些建筑主要是为了娱乐和休息，比如嘉荫堂和文溯阁等。这些建筑作为补充，完善并充实了当时作为行宫的沈阳故宫的功能。

中路建筑群

位于中路的建筑群最早修建于 1627 年，不同于东路建筑几大贝勒并排而坐的格局，中路建筑采用了中国传统宫殿前朝后寝的布局方式，总共修建了五进院落。随着中路建筑的落成，宫殿的核心也从东路转到了中路的皇宫大内。

武功坊

东路建筑群

东路的建筑最为古老，形式也最具特色，主体建筑大政殿始建于 1625 年，为八角重檐攒尖顶。大政殿的前方 10 座亭子以"八"字形排开，不同于中原王朝的"回"字形院落布局，沈阳故宫东路建筑的布局和形式脱胎于满族军帐议事的场景，只不过将移动的帐篷改成了固定的建筑。

敬典阁

銮驾库

大政殿

关雎宫

右翼王亭

左翼王亭

衍庆宫

介祉宫

正黄旗亭

镶黄旗亭

颐和殿

师善斋

正红旗亭

正白旗亭

日华楼

镶红旗亭

镶白旗亭

飞龙阁

太庙

镶蓝旗亭

正蓝旗亭

太庙正门

奏乐亭

奏乐亭

东大门

文德坊

29

北京故宫里的宫殿

北京故宫始建于 1406 年，是明清两朝的皇宫。如果站在景山上眺望故宫，一定会被这座宏伟宫殿的规模和复杂程度所震撼。据统计，72 万平方米的故宫中，共有大小院落 90 余个，宫、殿、楼、阁、亭、轩等建筑 980 余座。如此的规模让故宫成为世界上现存规模最大、保存最完整的古建筑群。本小节图鉴收录了故宫里主要的"宫""殿"建筑以及部分特色建筑。

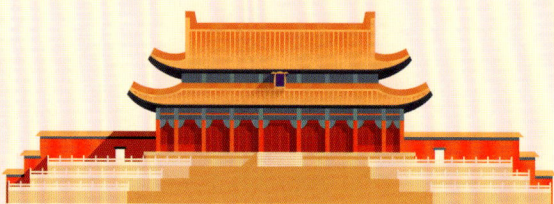
▲ 保和殿

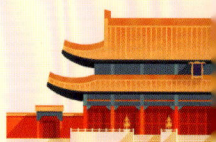
▲ 慈宁宫

▲ 延春阁

▲ 吉云楼

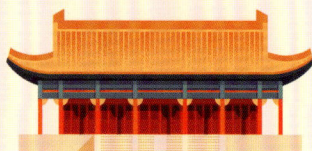
▲ 箭亭

▲ 交泰殿

▲ 景仁宫

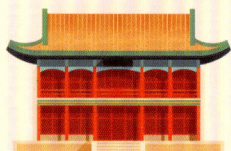
▲ 阅是楼

▲ 畅音阁

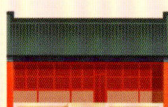
▲ 撷芳殿

▲ 符望阁

▲ 古华轩

▲ 禊（xì）赏亭

▲ 神武门

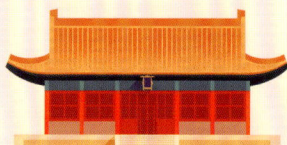
▲ 寿安宫

▲ 寿康宫

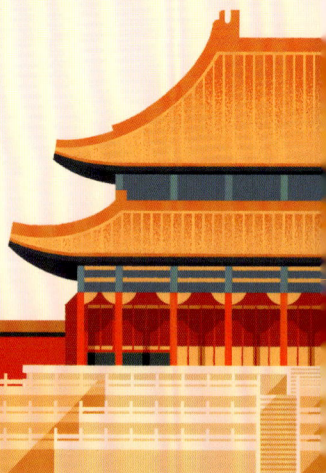

▲ 午门

▲ 养心殿

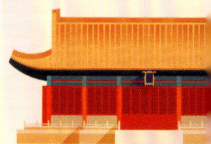
▲ 武英殿

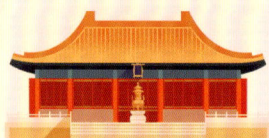
▲ 英华殿

▲ 雨花阁

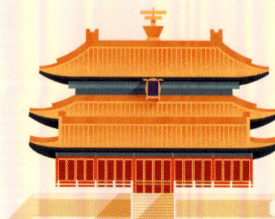
▲ 钦安殿

▲ 千秋亭 / 万春亭

▲ 毓（yù）庆宫

临溪亭　　东华门 / 西华门　　奉先殿　　弘义阁 / 体仁阁

申宁宫　　乐寿堂　　宁寿宫　　皇极殿

乾清宫　　乾清门

太和门　　文渊阁

太和殿　　文华殿　　延禧宫遗址 水晶宫

玄穹宝殿　　颐和轩　　翊坤宫

斋宫　　中和殿　　角楼

故宫里的门

  如果把故宫看作是由无数个小院落按照一定之规组合而成的大院落，那么院落的门无疑是最先映入眼帘的建筑。从整座宫城的大门——午门开始，由一座座门引导着我们走入一进进院落，门的规格、形制预示着门背后的世界。走进故宫里的门，也开启了对这座皇城里六百多年的历史和故事的探索。本小节图鉴收录了故宫里部分门和门楼建筑。

▲
苍震门
随墙琉璃门
东向

▲
承光门
庑殿式琉璃门楼
南 / 北向

▲
皇极门
随墙琉璃门
南向

▲
隆宗门 / 景运门
殿宇式大门
东 / 西向

▲
神武门
北向

▲
顺贞门
随墙琉璃门
北向

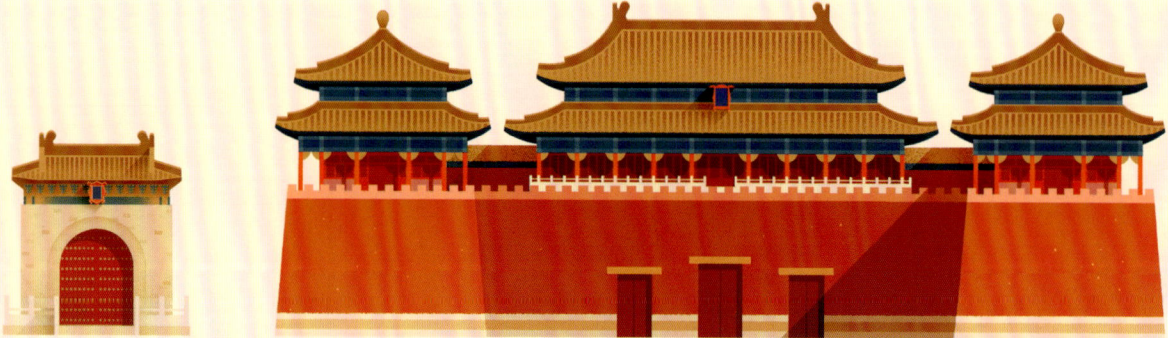

▲
天一门
琉璃门
南向

▲
午门
南向

慈宁门
殿宇式大门
南向

东华门
东向

宁寿门
殿宇式大门
南向

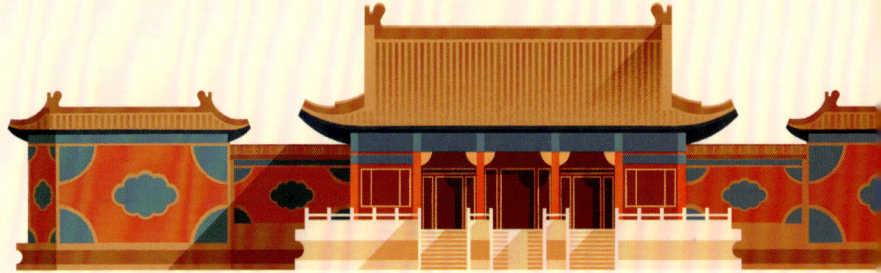

乾清门
殿宇式大门
南向

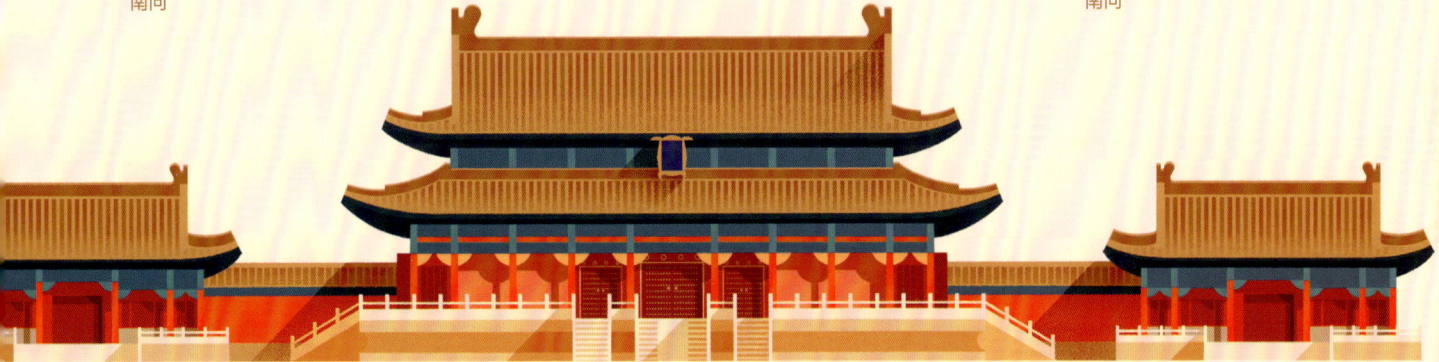

太和门
殿宇式大门
南向

锡庆门
随墙琉璃门
西向

协和门 / 熙和门
殿宇式大门
东 / 西向

养心门
琉璃门
南向

故宫建筑的屋顶形制

在中国古代，建筑形态并不能像今天一样随心所欲地设计。在紫禁城里，不同建筑的规格、等级也是有着很大差别的。屋顶样式需要与建筑的等级相匹配，屋顶不仅具备遮风挡雨的功能属性，更是建筑所代表的权力和地位的具象展现。本小节图鉴整理了故宫里常见的 11 种屋顶形式以及对应的建筑。

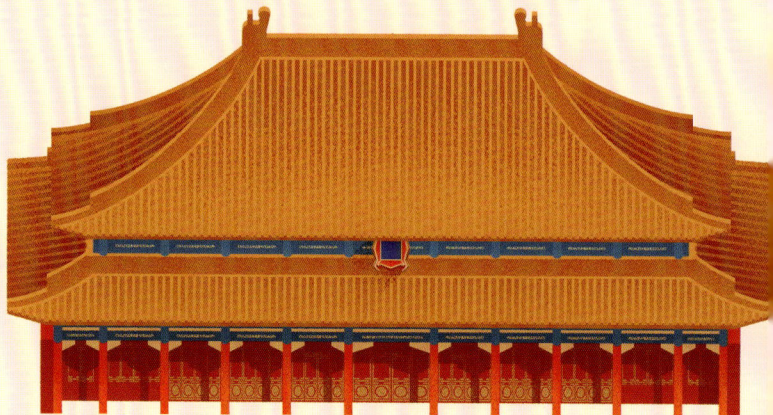

▲ 重檐庑殿顶
示例：太和殿

重檐庑殿顶是所有屋顶中等级最高的，这种屋顶只有帝王宫殿或敕建寺庙才能使用。在故宫中只有少数殿宇使用了重檐庑殿顶，包括太和殿、乾清宫、坤宁宫、皇极殿和奉先殿。

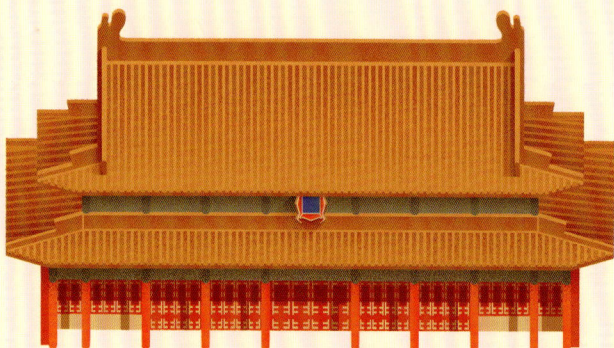

▲ 重檐歇山顶
示例：保和殿

重檐歇山顶在单檐歇山顶的下方增加了第二重屋檐。这种屋顶的等级很高，仅次于重檐庑殿顶。故宫中的保和殿、慈宁宫等重要宫殿均采用重檐歇山顶。

▲ 单檐歇山顶
示例：武英殿

单檐歇山顶的等级次于庑殿顶，由一条正脊、四条垂脊和四条戗脊组成，也称为"九脊殿"。

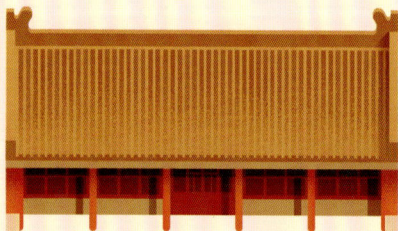

▲ 硬山顶
示例：体和殿

硬山顶是最基本的屋顶形式，屋顶两边与山墙平齐，也是寻常百姓可以使用的屋顶形式。

▲ 卷棚顶
示例：寻沿书屋

卷棚顶是一种没有主脊的顶，温文轻巧，多出现在园林中。

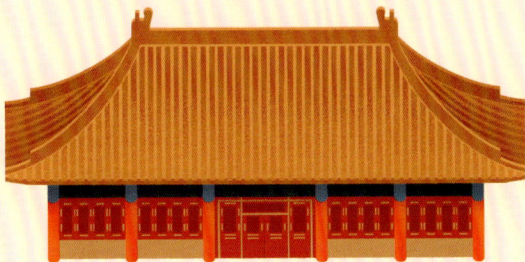

单檐庑殿顶

示例：英华殿

庑殿顶是单檐屋顶中等级最高的屋顶，因其拥有一条正脊和四条垂脊，又被称为"五脊殿"。庑殿顶在中国传统屋顶形式中出现得较早，最早的关于庑殿顶的记载可以追溯到商朝的甲骨文中。

四角攒尖顶

示例：中和殿

四角攒尖顾名思义就是四个方向的四条垂脊交会于一处，屋脊交会的顶点又称为宝顶。

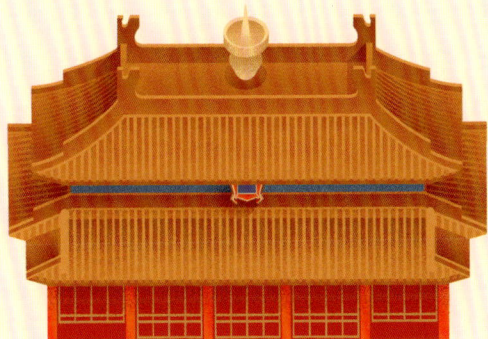

盝顶

示例：钦安殿

盝顶可以看作平顶和歇山顶的结合，通常用在辅助建筑上。而像故宫钦安殿这样用于高等级建筑的案例可以说是罕见的。

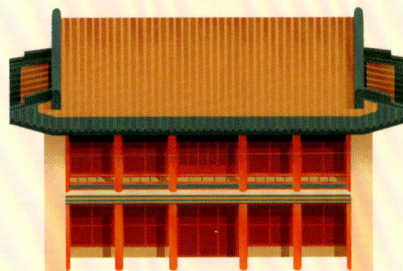

卷棚歇山顶

示例：阅是楼

卷棚歇山顶是卷棚顶的一种，相较于歇山顶，它在正脊处变成了卷棚的圆脊。

圆式攒尖顶

示例：千秋亭

圆式攒尖顶也属于攒尖顶的一种，不同于四角攒尖顶的方形平面，圆式攒尖顶是由圆形平面最终汇集于一点。

盔顶

示例：文渊阁碑亭

盔顶很像是将攒尖顶的垂脊向上隆起，形成了如同头盔一样的屋顶造型，在故宫中仅有文渊阁碑亭一座盔顶建筑。

太和殿脊兽

　　在故宫建筑的檐角上总会看到一排神兽的形象，这些神兽整齐地蹲坐在屋脊的末端，远远看去，像是在守护着故宫的每一个角落。这些整齐蹲坐的神兽其实不仅仅是装饰，还是用来防止瓦脊滑坡的钉帽，被称为走兽或者小兽。

　　随着建筑规模的增大，走兽的数量也随之增加，这样一来，走兽的数量就变相地成为反映建筑等级的一个线索。故宫建筑上走兽数量最多的是太和殿，在每条垂脊的垂兽与骑凤仙人之间都有 10 种造型不同的走兽，它们每一个都有自己的名字和寓意。本页图鉴就为您细数太和殿屋脊上的走兽。

▲ 骑凤仙人
骑凤仙人排在所有走兽之前，据说他是当年绝处逢生骑凤脱险的齐闵王。将骑凤仙人置于屋檐顶端寓意着逢凶化吉。不过骑凤仙人并不算在走兽的范围内。

▲ 龙
龙作为上古神话中呼风唤雨的神兽，可以说是最厉害的形象了，是皇家身份的象征。

▲ 凤
凤凰是上古神话中的瑞鸟，是吉祥和谐的象征，预示着风调雨顺，国泰民安。

▲ 狻猊
狻猊的形象接近狮子，同样勇猛无比，是传说中龙的九子之一。

▲ 押鱼
押鱼是传说中的降雨神兽，也是灭火防灾的象征。

▲ 獬豸
獬豸是象征着公平的神兽，额上长有一根独角，能辨明是非曲直。

狮子

狮子勇猛威武，吼声震天，是万兽之王。

天马

天马是神话里有翅膀的神马，象征着上可以通天的皇威。

海马

海马和天马形似，不过没有翅膀，象征着下可以入海的皇威。

斗牛

斗牛是传说中的一种虬龙，遍体鳞甲，牛头龙身，擅长吞云吐雾，祈雨灭灾。

行什

行什在故宫里为太和殿独有的走兽，因排行第十所以唤作"行什"。传说是雷震子的化身，可以防雷镇火。

螭吻

螭吻是龙的九子之一，好险又好望，是位于太和殿垂脊最末端的巨大神兽，也被称为垂兽。

明太祖的身后宫殿

明孝陵是明朝开国皇帝朱元璋和皇后的合葬陵墓。明孝陵改变了从周朝至宋朝的帝陵制度，首次按皇宫规制的"前朝后寝"的三进院落式样建造。其中更是创造了方城、明楼、享殿、陵宫等全新的建筑体制，直接影响了之后明清两朝20多座帝王陵寝的建筑格局。虽然明孝陵的建筑规格不及北京的明十三陵，但它的历史地位却因其奠定了明清两朝帝王陵墓的新格局而显得尤为重要，被称为明清皇家第一陵。明孝陵始建于1381年，前后历经40余年才完成了整个工程。

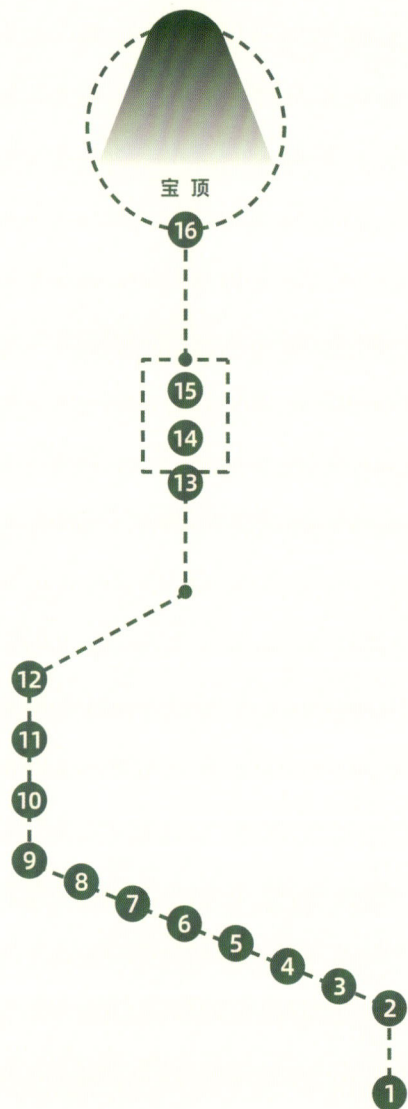

宝顶

16
15
14
13
12
11
10
9
8
7
6
5
4
3
2
1

明孝陵的规模，从其长达3000米的纵深距离就可见一斑。从下马坊开始，沿途设置有大金门、大明孝陵神功圣德碑亭、神道、棂星门、文武方门、碑殿、享殿等一系列建筑。其中，大金门至文武方门之间的神道，更是一改传统南北走向的规制，依照山势与环境，形成了一个仿佛北斗七星般的蜿蜒布局。这一做法的原因至今仍没有确切的说法，却为今天的人们留下了这座规模宏大又不失优美秀丽的独特皇陵。

❷ 大明孝陵神功圣德碑亭
碑亭内矗立着大明孝陵神功圣德碑，是明成祖朱棣为纪念其父朱元璋和马皇后而建。

❻ 石象路神道 大象　　　　❼ 石象路神道 麒麟

⓬ 棂星门
明孝陵的棂星门，是陵区的第二道门。棂星门还有着天门的象征意义，过了棂星门就相当于进入了另一个维度的世界。

⓭ 文武方门
文武方门是明孝陵陵宫的入口。

⓯ 享殿
享殿是陵宫内的核心建筑，也是最重要的祭祀殿堂。享殿建成时的规模很大，但毁于清咸丰年间的战火。现存的建筑建于清同治年间，为单檐歇山顶，规模比原来要小很多。

下马坊牌坊

明孝陵的入口，是当时文武官员拜谒孝陵下马的地方。

❶ 大金门

大金门是明孝陵陵区的第一道大门，原为单檐歇山顶建筑，目前仅存砖石结构的部分。

❸ 石象路神道 狮子

神道是连接碑亭和明孝陵主陵区的通道，石象路神道两旁对称排列着 6 种动物，每种动物均以站姿和坐姿呈现。

❹ 石象路神道 獬豸

❺ 石象路神道 骆驼

❽ 石象路神道 马

❾ 翁仲路神道 望柱

翁仲路神道是明孝陵神道的第二段，依次排列着一对望柱、两对武将和两对文臣。

❿ 翁仲路神道 武将

⓫ 翁仲路神道 文臣

⓮ 碑殿

这里最初是明孝陵的孝陵门，后毁于战火。清代在此修建了今天看到的碑殿，规模要小于孝陵门。碑殿正中竖立着康熙三十八年（1699 年）所立的"治隆唐宋"碑。

⓰ 方城和明楼

方城是守卫明孝陵地宫的最后一道建筑，也是明孝陵独创的建筑形式，在此后的明清皇陵里均有延续，但规模均不及明孝陵。方城上的明楼朝南开有三拱券门，为明孝陵的最高建筑。

一

在这里，
建筑不是遮风避雨的房屋，
而是敬天崇祖、传承思想的圣殿。

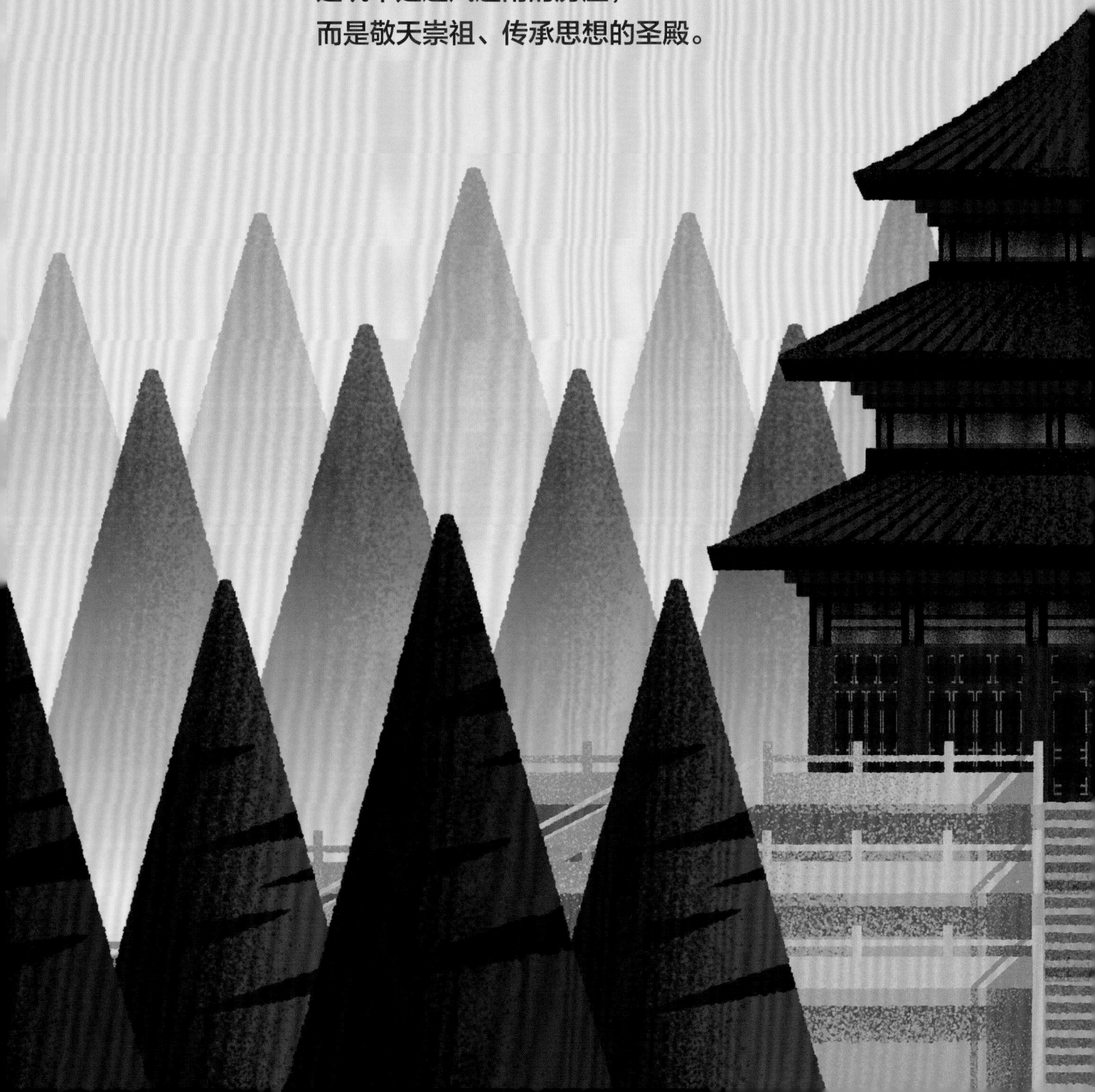

4

信仰与
礼制所在

天坛

在古代中国，祭祀上天的活动可以追溯到公元前 2000 年，历代皇帝都把祭祀上天视为最重要的政治活动，因此祭祀上天的建筑的规格是非常高的。北京天坛就是明清两代祭祀上天的地方，也是中国现存祭坛建筑中最具代表性的一处。北京天坛建于明永乐十八年（1420 年），历时 14 年才修建完成。最初名为"天地坛"，到明嘉靖九年（1530 年），改称"天坛"。北京天坛的面积接近紫禁城的 4 倍，整体呈"回"字形布局，最明显的特点是北面的围墙转角是圆形的，象征天；而南面的围墙转角是方形的，象征地，使整个天坛的布局符合"天圆地方"的理念。天坛由围墙分为内坛和外坛，其中主要的祭祀建筑都分布在内坛的中轴线上，包括圜丘坛、皇穹宇和祈年殿。

皇穹宇和回音壁

圜丘坛北面直通皇穹宇，这里是用来供奉圜丘坛祀神位的场所。而比皇穹宇更为人所熟知的就是外面的围墙，这段围墙因其特殊的结构特点，对波的反射十分规则，可以将墙体一端的声音传递另外一端，因此得名"回音壁"。

祈年殿

祈年殿，不仅是天坛里知名度最高的建筑，也是天坛现存建筑中历史最悠久的。祈年殿作为祈谷坛的主殿，是举行祈谷大典的场所。祈年殿是中国现存为数不多的圆形重檐大殿。

圜丘坛

通常当我们提到天坛时，往往想到的都是祈年殿的形象，但其实真正祭祀上天的地方并不是在祈年殿，而是在圜丘坛。圜丘坛的低调和祈年殿的雄奇形成了鲜明的反差，圜丘坛的外观虽不及祈年殿独特，但细节之处却充满讲究。圜丘坛共有三层，各层的围栏望柱和台阶的数量都是 9 的倍数，象征"九五之尊"。

白马寺

　　佛教建筑从印度传入后，很快就与中国传统的建筑形式相结合，演化出独具中国本土特色的建筑风格。早在魏晋时期，佛寺就已经采用中式院落的格局。到了隋唐时期，中国的佛寺从格局上已完全形成了自己的风格。今天我们常常看到的佛寺布局可以追溯到唐宋时期的"七堂伽蓝"制，即佛寺需要建有七种不同用途的建筑：以南北为轴线，依次是山门、天王殿、大雄宝殿、法堂和藏经楼，再加上轴线东侧的僧房和轴线西侧的禅堂。"七堂伽蓝"制在明代之后基本确立，直到今天也一直影响着佛寺的建筑布局。

　　本小节以白马寺为例，展示一座典型的中国传统佛寺。白马寺作为中国历史上第一座官办佛寺，被视为中国佛教的发源地。传说早在东汉时期，第一批佛教经书是两位印度僧人用白马驮着带入中国的。为纪念白马驮经，第一座寺庙得名"白马寺"。

❶ 山门

中国佛寺的正门称为山门，白马寺的山门采用的是牌坊式一门三洞的石砌拱券门。三个门洞分别象征佛教的"空门""无相门"和"无作门"。

❷ 钟鼓楼

❸ 天王殿

天王殿是白马寺院落中的第一座大殿，殿内供奉有明代塑造的弥勒像。

❹ 大佛殿

大佛殿是白马寺的第二重大殿，面阔五间，单檐歇山顶，寺内主要佛事活动都在这里举行。大佛殿内供奉着释迦牟尼佛和他的弟子迦叶、阿难等。

❺ 大雄殿

大佛殿之后的大雄殿是白马寺院内最大的殿宇。殿内供奉着释迦牟尼佛、药师佛、阿弥陀佛以及十八罗汉等。

❻ 接引殿

大雄殿后的接引殿是寺院中最小的建筑，现存建筑为清光绪年间重建。殿内供奉的是"西方三圣"，即阿弥陀佛和观世音、大势至两位菩萨。

❼ 清凉台

清凉台据传是当年摄摩腾和竺法兰两位印度高僧翻译佛经的地方。白马寺的第五重大殿——毗卢阁就建在清凉台上。

❽ 毗卢阁

毗卢阁是白马寺院内最后一座佛殿，坐落于清凉台上。阁内供奉有毗卢遮那佛、文殊菩萨和普贤菩萨，他们在佛教中合称"华严三圣"。

❾ 摄摩腾殿 / 竺法兰殿

摄摩腾殿和竺法兰殿分别位于清凉台的东侧和西侧，是为了纪念这两位印度高僧而建。两位高僧在东汉永平年间来到中国，在白马寺协助汉明帝翻译佛经，为中国佛教文化做出了重要贡献。

寺馬白

古佛寺巡礼

本小节图鉴收录了全国各地历史悠久的佛寺及其标志性建筑。

白马寺
河南 洛阳
始建于 68 年

静安寺
上海
始建于 247 年

灵隐寺
浙江 杭州
始建于 326 年

东林寺
江西 九江
始建于 384 年

栖霞寺
江苏 南京
始建于 484 年

寒山寺
江苏 苏州
始建于南朝梁武帝
天监年间

兴国寺
山东 济南
始建于唐贞观年间

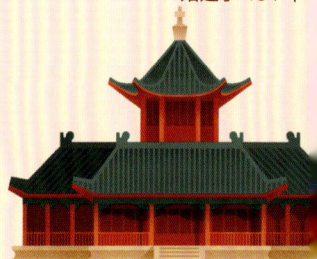

大相国寺
河南 开封
始建于 555 年

开元寺
福建 泉州
始建于 686 年

圆通寺
云南 昆明
始建于 765 年

涌泉寺
福建 福州
始建于 783 年

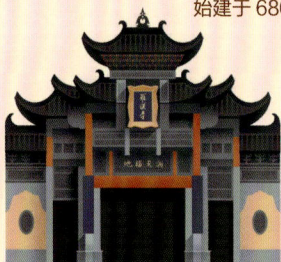

罗汉寺
重庆
始建于北宋治平年间

慈恩寺
辽宁 沈阳
始建于 1628 年

归元寺
湖北 武汉
始建于 1658 年

麓山寺
湖南 长沙
始建于 268 年

金山寺
江苏 镇江
始建于东晋

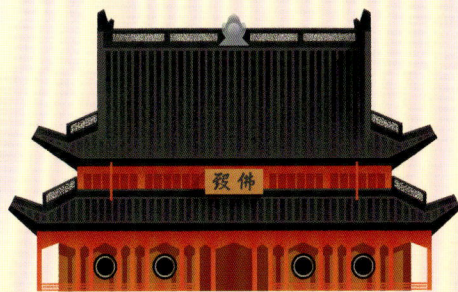

天童寺
浙江 宁波
始建于 300 年

少林寺
河南 郑州
始建于 495 年

明教寺
安徽 合肥
始建于南朝梁武帝年间

南华寺
广东 韶关
始建于 502 年

文殊院
四川 成都
始建于隋大业年间

法源寺
北京
始建于 645 年

大慈恩寺
陕西 西安
始建于 648 年

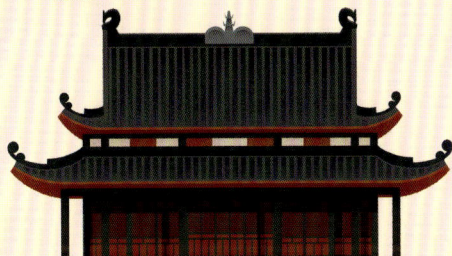

龙华寺
上海
始建于 977 年

华严寺
山西 大同
始建于 1038 年

大悲禅院
天津
始建于 1658 年

弘福寺
贵州 贵阳
始建于 1672 年

普宁寺
河北 承德
始建于 1755 年

寺庙里的古建筑

　　中国大量的古建筑由于建筑材料的缘故，在战火、人祸或风雨的侵蚀中，逐渐消失在历史的长河里。现存的元代之前的木结构古建筑已经十分少见。而巧合的是，这些仅存的古迹均与佛寺有缘。本小节图鉴收录了中国现存的部分修建（或重建）于元代及元代之前的木结构佛寺建筑，这些建筑是中国现存最古老的传统木构建筑。

▲
五台山南禅寺大殿
山西 忻州
782 年【唐】

▲
五台山佛光寺东大殿
山西 忻州
857 年【唐】

▲
独乐寺观音阁
天津
984 年【辽】

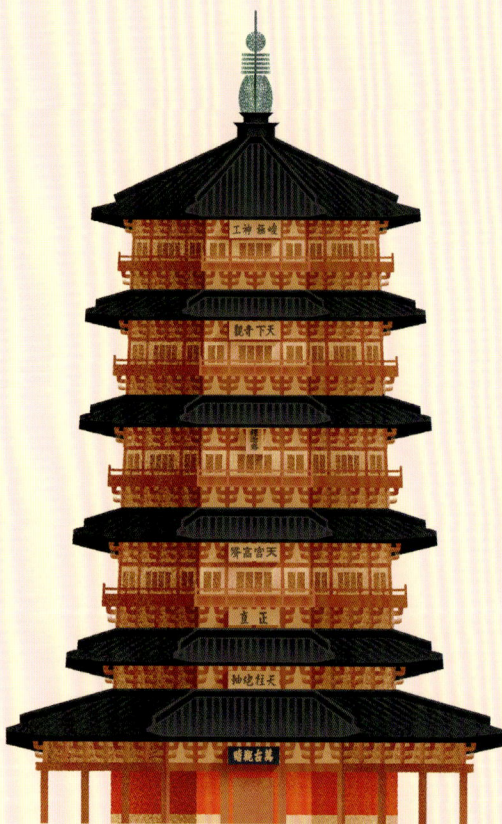

▲
下华严寺薄伽教藏殿
山西 大同
1038 年【辽】

▲
佛宫寺释迦塔
山西 朔州
1056 年【辽】

▲
善化寺普贤阁
山西 大同
1154 年【金】

▲
善化寺三圣殿
山西 大同
约 1128 年【金】

▲
善化寺山门
山西 大同
约 1128 年【金】

▲
上华严寺大雄宝殿
山西 大同
1140 年【金】

隆兴寺转轮藏殿
河北 石家庄
约 960 年【宋】

阁院寺文殊殿
河北 保定
约 966 年【辽】

独乐寺山门
天津
984 年【辽】

奉国寺大殿
辽宁 锦州
1020 年【辽】

隆兴寺摩尼殿
河北 石家庄
1052 年【宋】

善化寺大雄宝殿
山西 大同
约 1060 年【辽】

净土寺大殿
山西 朔州
1124 年【金】

少林寺初祖庵
河南 郑州
1125 年【宋】

崇福寺弥陀殿
山西 朔州
1143 年【金】

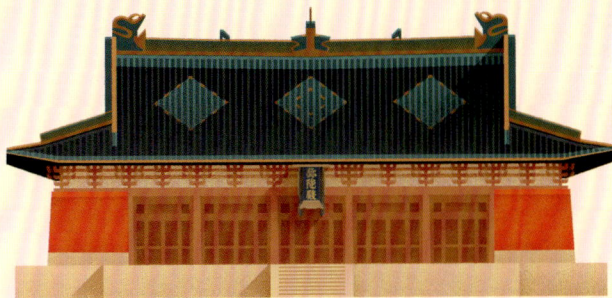

延福寺大殿
浙江 金华
1324 年—1328 年【元】

佛塔种类知多少

塔作为佛教建筑，在诞生之初是用来保存佛祖舍利的，最初的佛塔被称为窣（sū）堵波，与今天我们所熟悉的佛塔造型有着很大的区别。塔随佛教传入中国后，与中国传统的楼阁形式相结合，造型迅速完成了本土化的转变，楼阁式的佛塔形式就此确立。在那之后的两千多年里，佛塔随着佛教的兴盛和传播遍布全国。塔这种建筑形式也因其高耸的形象，成为中国传统建筑里最具特色的文化符号之一。中国现存的佛塔大致可以分为以下几种类型：单层塔、多层塔、密檐塔、木塔、金刚宝座塔和喇嘛塔。

▲ 单层塔

作为中国最早的石塔形式，单层塔看起来与其说像塔，不如说更像神龛。单层塔通常都是作为僧人的墓塔。

▲ 多层塔

多层塔就像是若干单层塔的叠加，各层的高度和宽度往上依次略减，是现存佛塔中最为常见的形式。相较于木材，砖石更加坚固，因此其在很长一段时间里都是中国佛塔的主要建筑材料。

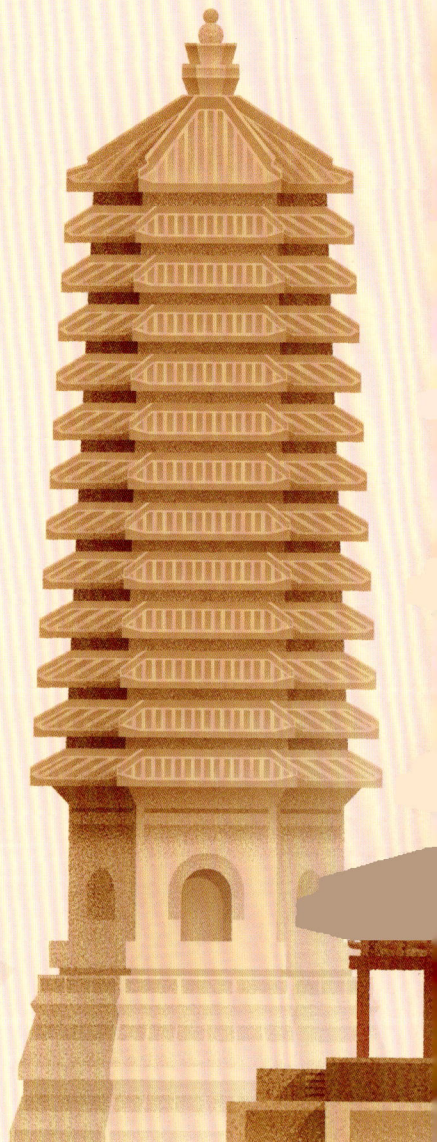

▲ 密檐塔

密檐塔是除多层塔之外另一种常见的佛塔形式。密檐塔的塔身主要由层层相叠的出檐构成，而且出檐之间几乎没有空隙，所以得名"密檐塔"。相较于可以登临的多层塔，密檐塔通常都不可登临。

木塔
峻极神工
天下奇观
慈塔
天宫高耸
正直
天柱地轴
万古观瞻

木塔

相较于砖石结构的佛塔，木塔出现的时间更为久远。木塔是佛教传入中国后最早出现的佛塔形式，但留存至今的木塔只有山西应县佛宫寺释迦塔一座孤品。

金刚宝座塔

作为最"年轻"的一种佛塔形式，金刚宝座塔一直到明朝才得以确立。金刚宝座塔是在一个巨大的台基上建有"四小一大"五座宝塔，据说是用来礼拜金刚界五方佛的，故称为金刚宝座塔。

喇嘛塔

喇嘛塔从造型上看，完全不同于之前介绍的佛塔。这种塔的形式脱胎于印度的窣（sū）堵波，是藏传佛教的佛塔形式。元朝开始，随着藏传佛教在中原的逐步发展，喇嘛塔才更多地在中原出现。喇嘛塔通体为白色，又被称为白塔。

看！塔

本小节图鉴收录了全国各地著名的古代佛塔建筑。

金刚座舍利宝塔
金刚宝座塔
建于 1727 年—1732 年
内蒙古 呼和浩特

神通寺四门塔
单层塔
建于 611 年
山东 济南

大正觉寺金刚宝座塔
金刚宝座塔
建于 1473 年
北京

兴教寺玄奘塔
多层塔
始建于 669 年
陕西 西安

嵩山永泰寺塔
密檐塔
重建于 618 年—907 年
河南 郑州

白马寺齐云塔
密檐塔
重建于 1175 年
河南 洛阳

嵩山嵩岳寺塔
密檐塔
始建于 520 年
河南 郑州

荐福寺小雁塔
密檐塔
始建于 707 年
陕西 西安

智度寺塔
多层塔
建于 1031 年
河北 保定

广胜寺飞虹塔
多层塔
重建于 1515 年
山西 临汾

开元寺仁寿塔
多层塔
改建于 1228 年—1237 年
福建 泉州

开元寺镇国塔
多层塔
改建于 1238 年—125
福建 泉州

塔院寺塔
喇嘛塔
始建于 1302 年
山西 忻州

云居寺塔
多层塔
建于 1092 年
河北 保定

开宝寺塔
多层塔
重建于 1049 年
河南 开封

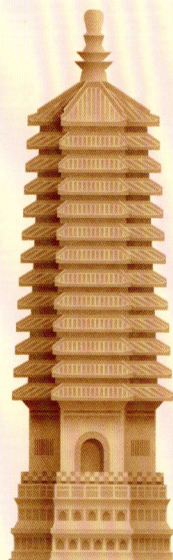

天宁寺塔
密檐塔
始建于 1119 年
北京

六和塔
多层塔
重建于 1163
浙江 杭州

罗汉院双塔
多层塔
始建于 982 年
江苏 苏州

碧云寺金刚宝座塔
金刚宝座塔
建于 1748 年
北京

永安寺白塔
喇嘛塔
始建于 1651 年
北京

天宁寺塔
密檐塔
始建于 952 年
河南 安阳

云岩寺塔
多层塔
始建于 959 年
江苏 苏州

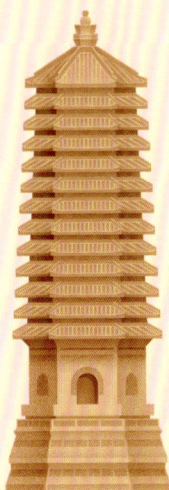

慈寿寺塔
密檐塔
始建于 1576 年
北京

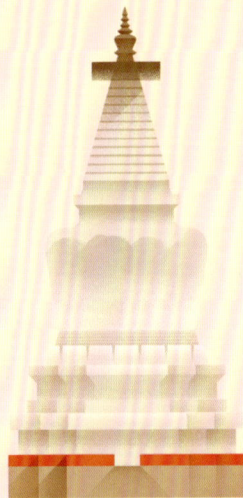

妙应寺白塔
喇嘛塔
始建于 1271 年
北京

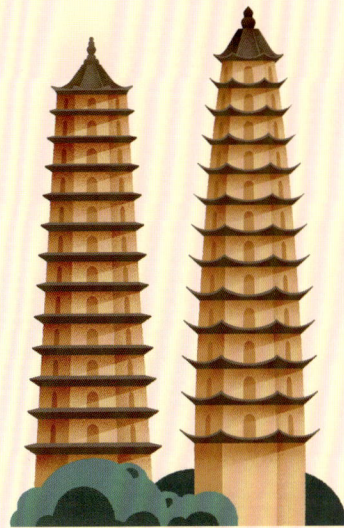

永祚寺双塔
多层塔
始建于 1599 年
山西 太原

慈恩寺大雁塔
多层塔
始建于 652 年
陕西 西安

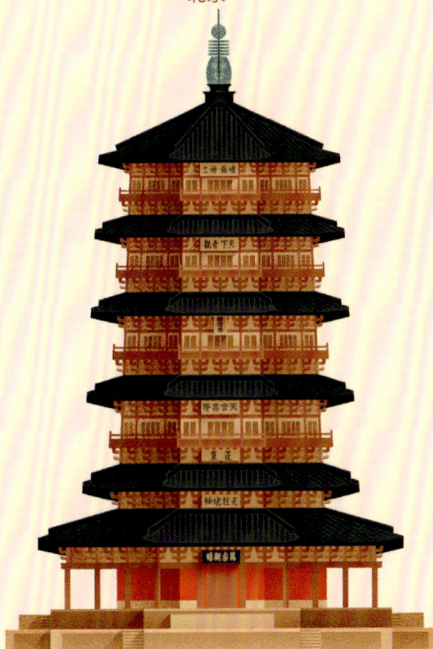

佛宫寺释迦塔
木塔
始建于 1056 年
山西 朔州

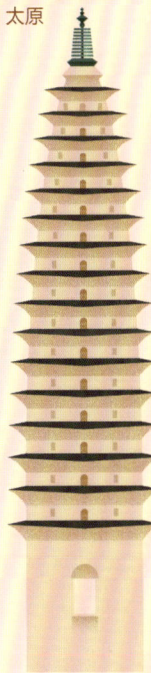

崇圣寺千寻塔
密檐塔
约建于 823 年—859 年
云南 大理

全国文庙图鉴

中国还有一种庙宇，虽是庙宇，祭祀的却不是神佛，它的历史久于佛寺，遍布全国，这就是孔庙。孔庙又称文庙，祭祀的是孔子。孔子提出的儒家思想在两千多年的历史长河中几乎一直占据着主导地位，祭祀孔子的庙宇也随着儒家思想的传播遍布全国。据统计，在明清时期，全国的文庙数量多达1560余座。文庙作为中国传统文化对儒家思想尊敬推崇的具体体现，是中国古代最具代表性的庙宇之一。本小节图鉴收录的文庙建筑主要来自被列为第1~6批全国重点文物保护单位的文庙。

安宁文庙
云南 昆明

安顺文庙
贵州 安顺

德阳文庙
四川 德阳

福州文庙
福建 福州

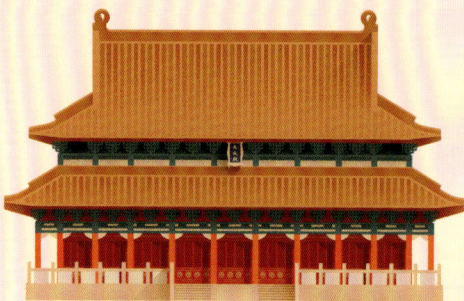

吉林文庙
吉林 吉林

郏县文庙
河南 平顶山

犍为文庙
四川 乐山

宁远文庙
湖南 永州

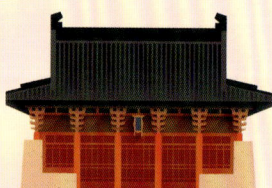

平遥文庙
山西 晋中

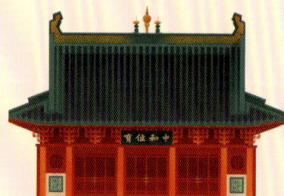

秦安文庙
甘肃 天水

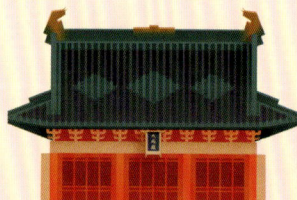

清源文庙
山西 太原

汝州文庙
河南 汝州

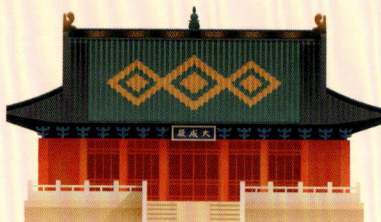

太康文庙
河南 周口

武威文庙
甘肃 武威

岳阳文庙
湖南 岳阳

漳浦文庙
福建 漳州

漳州府文庙
福建 漳州

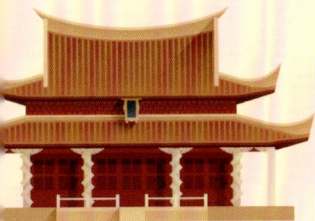

安溪文庙
福建 泉州

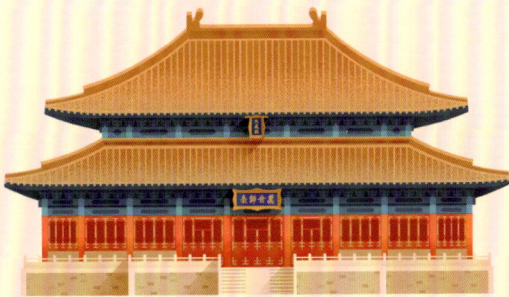

北京孔庙
北京

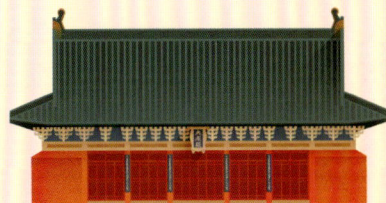

代县文庙
山西 忻州

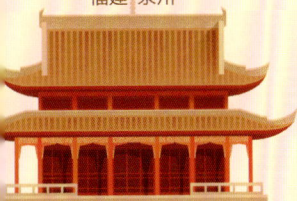

富顺文庙
四川 自贡

贵德文庙
青海 海南藏族自治州

韩城文庙
陕西 渭南

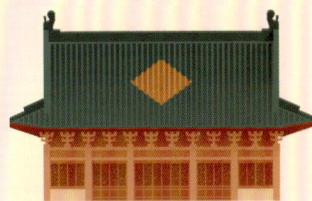

河南府文庙
河南 洛阳

建水文庙
云南 红河哈尼族彝族自治州

南京夫子庙
江苏 南京

曲阜孔庙
山东 曲阜

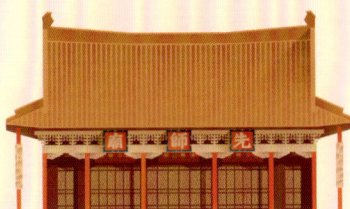

泉州府文庙
福建 泉州

咸阳文庙
陕西 咸阳

襄垣文庙
山西 长治

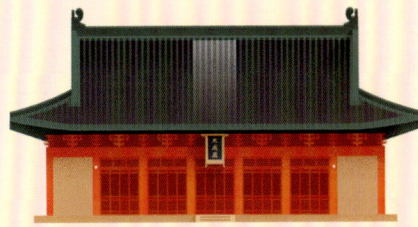

耀县文庙
陕西 铜川

正定府文庙
河北 石家庄

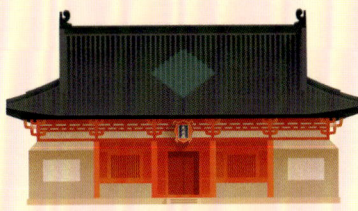

正定文庙
河北 石家庄

左权文庙
山西 晋中

曲阜孔庙

　　曲阜孔庙是历史上第一座孔庙，早在公元前 478 年，鲁国国君鲁哀公为纪念孔子，将曲阜的孔子故宅改建为庙，也就是今天曲阜孔庙的雏形。在后来的两千多年里，历经 70 多次大规模修建，曲阜孔庙逐渐发展成我们今天看到的庞大规模。曲阜孔庙是全国建筑规模最大、建筑规格最高的孔庙，这一点从其多达九进的院落和中路的明黄色琉璃瓦建筑就可见一斑。同时，曲阜孔庙还是与北京故宫和承德避暑山庄齐名的中国三大古建筑群之一。

①"金声玉振"石坊
金声玉振石坊是孔庙的第一道牌坊。"金声玉振"出自孟子对孔子的赞颂："集大成也者，金声而玉振之也。"

②棂星门
棂星门是孔庙的大门，古代传说棂星是天上的文星，以棂星门作为大门，以体现孔子的崇高地位。

③"太和元气"石坊
建于明嘉靖二十三年（1544 年），"太和元气"意在赞颂孔子思想如同天地生育万物一样。

④"至圣庙"石坊
"至圣"同样是表达对孔子的赞颂。

⑤圣时门
圣时门是第二进院落的大门，"圣时"二字取自孟子对孔子的评价："孔子，圣之时者也"。圣时门始建于明永乐十三年（1415 年）。

⑥弘道门
弘道门是第三进院落的大门，始建于明洪武十年（1377 年），清雍正年间改名为"弘道"，以赞颂孔子弘扬圣明之道。

⑦大中门
大中门最初修建于宋代，明清两代均有重修，为第四进院落的正门。

⑧同文门
同文门是第五进院落的正门，比起它，之后高大的奎文阁才是第五进院落的主角。

⑨奎文阁
奎文阁始建于宋代，作为藏书楼使用。现存的奎文阁是明弘治十七年（1504 年）重修的，距今已有五百多年的历史。高达 23.35 米的奎文阁甚至经受住了清代曲阜地区的数次地震，是我国现存为数不多的木构楼阁之一。

⑪碑亭
第六进院落的主角是多达 13 座的碑亭。这些大小不一的碑亭里存放了 55 座由历代帝王御制的石碑。碑文大多是皇帝对孔子追谥加封、祭祀和修整庙宇的记载。现存最古老的碑亭修建于金明昌六年（1195 年），这座碑亭同时也是曲阜孔庙里现存最古老的建筑。

⑪杏坛
大成殿前的院落正中是杏坛。相传孔子曾"杏坛设教"，所以后人在孔庙中设立杏坛以作纪念。

⑫大成殿
大成殿高达 31.89 米，明黄色琉璃瓦，重檐歇山顶，是整座孔庙的主殿。大成殿内供奉着孔子及其主要弟子和门徒的塑像。

回靈廟

太和元氣

金聲玉振

求学之路

—

步入古代的教育机构，
重温古代学子们的求学之路。

中国古代的学校
岳麓书院

　　书院可以看成是当代学校的前身，作为中国古代最重要的教育机构之一，是古代无数学子求学求知的地方。书院源起于唐朝，兴盛于南宋。在一千多年的历史中，书院在学术研究、文化传播、知识普及等方面都作出了突出贡献。书院在清末逐渐被西方的教育机构取代，淡出了人们的视野。

　　位于湖南长沙岳麓山脚下的岳麓书院作为我国四大书院之一，已有一千多年的历史，是湖南大学的前身，也是世界上最古老的学府之一。与我们今天的学校不同，岳麓书院主要分为教学、藏书和祭祀三大区域，是典型的中国传统书院布局，这也让这座古老的书院成为中国教育史上的活化石，承载着传承千年的传统教育理念和思想。如今的岳麓书院是湖南大学下设的学院之一，依然对文化发展和教育事业起到推动作用。

❶ 赫曦台

赫曦台的典故可以追溯到南宋时期，朱熹应张栻邀请来岳麓书院讲学，两人经常登岳麓山观日出，"赫曦"便是指红色的朝阳。今天岳麓书院里的赫曦台是清乾隆五十五年（1790 年）建造的，作为对当年朱熹来此讲学的追忆。

❷ 岳麓书院大门

现在书院的大门是清同治七年（1868年）重修的，而门额上"岳麓书院"四个大字则是北宋皇帝宋真宗的真迹。

❸ 南北斋舍

讲堂两侧的斋舍相当于书院师生的宿舍，也是书院学生平日里自修的场所。

❹ 讲堂

讲堂作为书院教学区域的核心建筑，是老师讲学和举行重大活动的场所。

❺ 御书楼

御书楼是岳麓书院的图书馆，自古以来就是书院藏书所在。因得宋真宗皇帝御赐的书籍，此楼得名"御书楼"。

❻ 祠堂

这里的数座院落都是岳麓书院祭祀先贤的祠堂，里面祭祀着包括朱熹、张栻、周敦颐、王夫之在内的诸多古代先贤。在传统文化里，为先贤设立祠堂，既表达了对先贤思想的赞扬和肯定，也是维护并传承这些思想的重要途径。

❼ 麓山寺碑

麓山寺碑是 730 年唐代书法家李邕（yōng）撰文并刻的石碑。麓山寺碑因其文章、书法及镌刻水平皆为世人所赞扬，所以又有"三绝碑"的称号。

❽ 文庙大成门

大成门是岳麓书院文庙的正门，现存建筑是清同治七年（1868 年）建造的。

❾ 文庙大成殿

书院作为依托儒家思想而发展出来的教育机构，自岳麓书院创立之初就设有祭祀孔子的庙宇。明代设立大成殿，并迁至今天所在的位置。岳麓书院大成殿的黄色琉璃瓦标志着这座建筑的等级是整座书院里最高的，享有皇家礼仪的待遇。

❿ 屈子祠

屈子祠是用来祭祀屈原的祠堂，始建于清嘉庆元年（1796 年）。岳麓书院的屈子祠是长沙第一座祭祀屈原的专祠。

江南贡院
古代的"高考考场"

　　贡院，作为科举考试的考场，是古代学子寒窗苦读后一较高下的地方。一批批学子从这里迈向了仕途，更有一批批考生落榜而归。贡院诞生于唐朝，兴起于北宋后期，一直到 20 世纪初才和科举制度一起退出历史舞台。

　　历史上最大的贡院当属位于南京秦淮河畔的江南贡院。这座始建于南宋时期的贡院在其规模最大时达到了 30 万平方米，拥有供考生答卷的号舍 20644 间。而随着科举制度的废除，全国的贡院都难逃被拆除的命运，今天的江南贡院已被改建成了中国科举博物馆，虽然规模不复当年，但博物馆里依然保留着贡院当年的标志性建筑明远楼和一小部分号舍，为今天的人们讲述着古代科举和贡院的故事。

惜字塔

明远楼前的惜字塔是用来焚烧考试留下的废纸的，是古人敬惜字纸观念的体现。古人认为文字是神圣的，落在纸上的文字不可以随意亵渎，即使是废纸也需要诚心敬意地烧掉。

明远楼

明远楼是贡院里的最高建筑，是供考试时督考巡逻的官员监考所用，登楼远眺，考场的情况可以一览无余。现存的江南贡院明远楼建于明嘉靖十三年（1534 年），已有近五百年的历史，是中国现存最古老的贡院建筑。

号舍

号舍是考试期间考生答题和休息的空间，明中期以后形成了今天我们看到的这种格子间的形式。单间号舍的面积大约只有 1.3 平方米。明清时期科考的时长是三天两夜，为防止舞弊，考试期间考生答题、休息、饮食都要在这个小空间里完成。号舍的设计在今天看来实在是过于简陋，但对于当年一个同时容纳上万人的考场来说，已是非常不易的了。

国子监
古代的最高学府

　　国子监是中国古代最高学府和教育行政管理机构，其作用类似于今天的大学和教育部的合体。北京国子监始建于元代，按照古代"左庙右学"的说法与孔庙相邻。国子监的整体布局为坐北朝南的三进院落，依次建有集贤门、太学门、琉璃牌坊、辟雍殿、彝伦堂等建筑。

1 **集贤门**

2 **太学门**

3 **琉璃牌坊**

进入太学门首先看见的就是这座华丽的琉璃牌坊，这是一座专门为教育而设的牌坊，也是北京城里唯一一座不属于寺庙的琉璃牌坊。

4 **钟鼓楼**

5 **碑亭**

6 **辟雍殿**

琉璃牌坊后面就是国子监里最宏大的建筑——辟雍。辟雍在清代是天子讲学的地方。"辟雍"一词源自周天子设立的大学，意为"辟者，璧也，象璧圆，又以法天，于雍水侧，象教化流行也"，引申为圆形校址，围以水池。北京国子监的辟雍是清乾隆年间依据周代礼制而建。按照辟雍的词意，辟雍建筑外圆内方，暗含通达天地之意。

7 **彝伦堂**

彝伦堂是辟雍殿建成以前明清两代皇帝讲学的地方。"彝伦"大意是"常理""伦常"。设置彝伦堂的寓意就是鼓励学子们不断进取，成为表率。

拙政园漫游地图

如果说传统庙堂建筑让我们看到了中国古代的传统礼法，那古典园林无疑呈现出了截然不同的气质。在自己的一方天地里，以山水绘制山水，让一砖一瓦、一草一木，在高低动静之间，充满了人文精神的缩影。常言道："江南园林甲天下，苏州园林甲江南。"而始建于明正德年间的拙政园又称得上是苏州第一古典园林。本小节的拙政园漫游地图以拙政园的西园和中园为参考，绘制了拙政园里的主要建筑和场景。

得真亭

浮翠阁

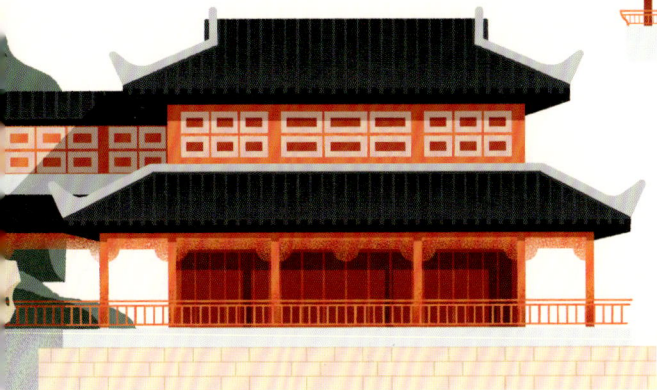

见山楼

笠亭

玲珑馆

卅六鸳鸯馆

松风亭

塔影亭

听雨轩

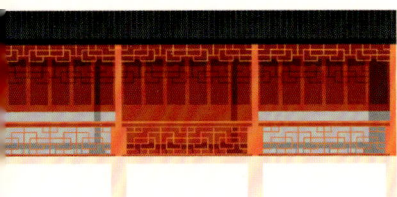

小沧浪

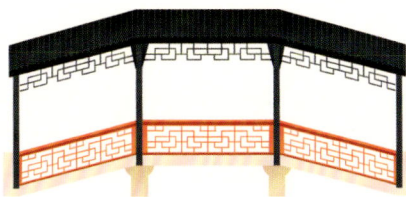

小飞虹

绣绮亭

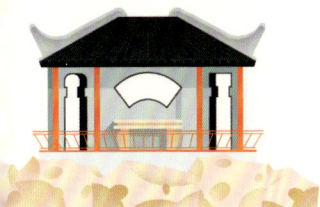

与谁同坐轩

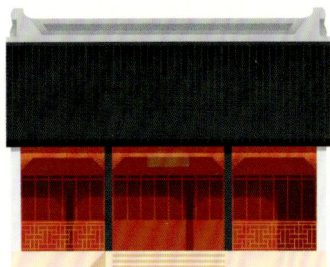

玉兰堂

远香堂

拙政园的造景术

障景

在拙政园曾经的入口处，有一座巨大的假山，犹如一道屏风，将园中的景色尽数遮挡。游园者必须绕过假山才能一睹园中景色。这种巧妙地利用视觉障碍来制造景观的手法，就是所谓的障景。通过适当的遮挡，景物若隐若现，不仅增添了一丝神秘感，更激发了游园者深入探索的欲望。

隔景

云墙将枇杷园和中园在空间上分隔，但透过枇杷园的圆形入口可以窥见中园的雪香云蔚亭。这种让两个空间隔而不断的造景手法就是隔景。这种手法既增加了园林的空间感，又为游园体验增添了几分乐趣。

借景

进入拙政园的中园向西看去，园内的景致和远处的北寺塔组成了一组新的画面。这让人产生一种错觉，仿佛塔就在园中，从而巧妙地扩展了园林的空间感。这种借园林之外的景观来构成画面，以增加空间感和层次感的手法，就是借景。

6

自在山水

古典园林是古人对自然山水的独特诠释，
让我们一同漫步其中，
感受古人寄情山水的乐趣。

拙政园建筑图鉴

本小节图鉴收录了拙政园漫游地图里的
主要建筑物。

别有洞天

待霜亭

倒影楼

海棠春坞

荷风四面亭

嘉实亭

留听阁

绿漪亭

梧竹幽居

香洲

雪香云蔚亭

宜两亭

倚玉轩

1 塔影亭　　2 卅六鸳鸯馆　　3 玉兰堂
4 留听阁　　5 宜两亭　　6 与谁同坐轩
7 笠亭　　8 浮翠阁　　9 倒影楼
10 小沧浪　　11 松风亭　　12 小飞虹
13 得真亭　　14 香洲　　15 别有洞天
16 见山楼　　17 倚玉轩　　18 远香堂
19 荷风四面亭　　20 雪香云蔚亭　　21 待霜亭
22 嘉实亭　　23 听雨轩　　24 玲珑馆
25 海棠春坞　　26 绣绮亭　　27 梧竹幽居
28 绿漪亭

框景

框景是造园中常用的重要手法之一，通过门框或窗框对自然景色进行重新构图，形成一幅幅引人入胜的全新画面。以拙政园的梧竹幽居亭为例，亭子四面各设有一个圆形门洞，游园者只需站在原地，就能透过门框欣赏到四幅别具一格的风景"画卷"。

漏景

苏州园林中，漏景是最常见的造景手法。游园者通过漏窗的间隙，可以欣赏到窗内的景色。漏窗的形式多样，为游园体验增添了惊喜和情趣。拙政园海棠春坞外的漏窗，是苏州园林中漏景的典型应用之一。

对景

园林中两两相对的景致被称为对景。在拙政园中，小沧浪与见山楼便形成了一处引人入胜的对景。从小沧浪向北远眺，视线会穿越香洲和荷风四面亭，最后到达见山楼。这一系列层层叠叠的景致使得这处对景具有极强的纵深感，从而极大地增强了整个园林的空间层次感。

颐和园
园林中的皇家气派

建于清代的颐和园是一座集皇家气派、山川雄伟和园林闲趣于一身的古典园林，将整座万寿山和昆明湖纳入其中，其面积达到了三百万平方米。如果说苏州园林是用假山造景，那颐和园则是将真实的山川作为园林创作的素材，充分展现了皇家园林的宏伟和奢华。颐和园约四分之三的面积被水体覆盖，而主要建筑则集中在万寿山上。本小节展示的是万寿山前山以佛香阁、排云殿为主体的建筑群，这是颐和园最具代表性的景观之一。

1 云辉玉宇牌坊

2 排云门

3 排云殿

排云殿是万寿山上的主要建筑之一，其规模仅次于佛香阁。该建筑原址为乾隆时期的大报恩延寿寺，后毁于 1860 年的战火。清朝末年，慈禧太后为了给自己贺寿，在原址上重建了排云殿。该建筑群规模宏大，以昆明湖边的牌坊作为引导建筑，依着山势，经排云门、二宫门、排云殿，直至最高处的德辉殿。

4 德辉殿

德辉殿是排云殿建筑群中地处最高的建筑，是当年慈禧太后去佛香阁礼佛前的更衣处。

5 佛香阁

佛香阁坐落在颐和园万寿山南麓的高台之上，是一座精美的木结构八角形楼阁建筑，也是整座园林里最高的建筑。这座高达 41 米的木构建筑的核心承重是由八根巨大的铁梨木柱子完成的，设计之精巧、结构之复杂，堪称传统木构建筑中的精品。佛香阁始建于乾隆年间，但今天看到的佛香阁是 1891 年后重建的，之前的建筑在 1860 年英法联军入侵时毁于战火。

6 智慧海

位于万寿山最高处的琉璃阁名为智慧海，是一座佛教建筑，寓意赞扬佛祖的智慧如海。整座建筑由砖石拱券构成，这使得它在 1860 年的战火中幸免于难，自乾隆时期以来一直得以留存。智慧海的外墙全部采用黄色、绿色的琉璃瓦覆盖，并镶嵌有千余尊琉璃佛像，极尽华丽，精美绝伦。

7 撷秀亭

8 敷华亭

9 五方阁

五方阁是位于佛香阁西面的一组建筑群，其中最为引人注目的是位于建筑群中央的铜质建筑——宝云阁。宝云阁建于 1755 年，是一座完全由铜铸成的仿木结构建筑，也正是因为其材质，才躲过当年英法联军的大火。宝云阁通高 7.55 米，重达 207 吨，造型精巧，体量巨大，是举世罕见的铜器珍品。

10 转轮藏

转轮藏是位于佛香阁东面的一组建筑群，由正殿、配亭以及"万寿山昆明湖"石碑组成。"转轮藏"是一种可以转动的佛经书架，这组建筑因其配亭中放有转轮藏而得名。转轮藏也是颐和园中遗存的少数乾隆时期的建筑之一。

须弥灵境
万寿山的背面

　　比起万寿山山前金碧辉煌的宫殿楼阁，万寿山的山背面则是截然不同的景致。坐落于万寿山北坡的是始建于清乾隆年间的须弥灵境喇嘛庙遗址。这是一座汉藏混合式的佛殿建筑群，以红墙和藏式佛塔为主要元素，层层叠叠地分布在山麓之上。建筑传递出的神秘与庄重感让人仿佛忘记了此处仍在皇家园林之中。

　　令人扼腕的是，须弥灵境的主要建筑已毁于 1860 年的战火，今天的须弥灵境中，一部分是清光绪年间复建的，还有一部分则是 1984 年按照资料在残存的遗址上复原的。经过修复的建筑群虽不及当年的风采，但它们基本再现了这座汉藏结合建筑群的独特神韵，成为颐和园中别具一格的景致。

① 须弥灵境大殿遗址

此处的平台上曾经建有须弥灵境宝殿，从遗存的台基不难推测出这里曾经的建筑规模。

② 香岩宗印之阁

香岩宗印之阁象征着佛教世界中心的须弥山。香岩宗印之阁原本是三层楼阁式建筑，1860 年损毁后，在光绪年间改建成今天看到的汉式佛殿建筑。而位于大殿前方的山门殿则是在南赡部洲的遗址上改建的。

3 ~ 14 四大部洲和八小部洲

围绕在香岩宗印之阁周围的建筑象征着须弥山的四周环布着四大部洲和八小部洲。四大部洲分别是：❸ 东胜神洲、❹ 西牛贺洲、❺ 南赡部洲、❻ 北俱芦洲。八小部洲分别是：❼ 遮末罗洲、❽ 筏罗遮末罗洲、❾ 提诃洲、❿ 毗提诃洲、⓫ 舍谛洲、⓬ 嗢（wà）怛（dá）罗曼怛里拏（ná）洲、⓭ 矩拉婆洲、⓮ 憍（jiāo）拉婆洲。

15 四色喇嘛塔

四大部洲之间建有红、白、绿、黑四色喇嘛塔，象征的是佛教里的"四智"。

16 月殿　　**17 日殿**　　**18 智慧海**

中国古代园林巡礼

本小节图鉴收录了全国保存完好的古典园林及其标志性建筑。

▲ **北海**
五龙亭
北京

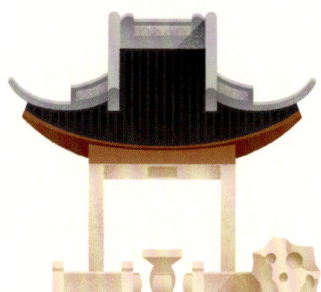

▲ **沧浪亭**
沧浪亭
江苏 苏州

个园

春自天垒

▲ **个园**
抱山楼
江苏 扬州

▲ **留园**
明瑟楼
江苏 苏州

▲ **狮子林**
修竹阁
江苏 苏州

▲ **网师园**
月到风来亭
江苏 苏州

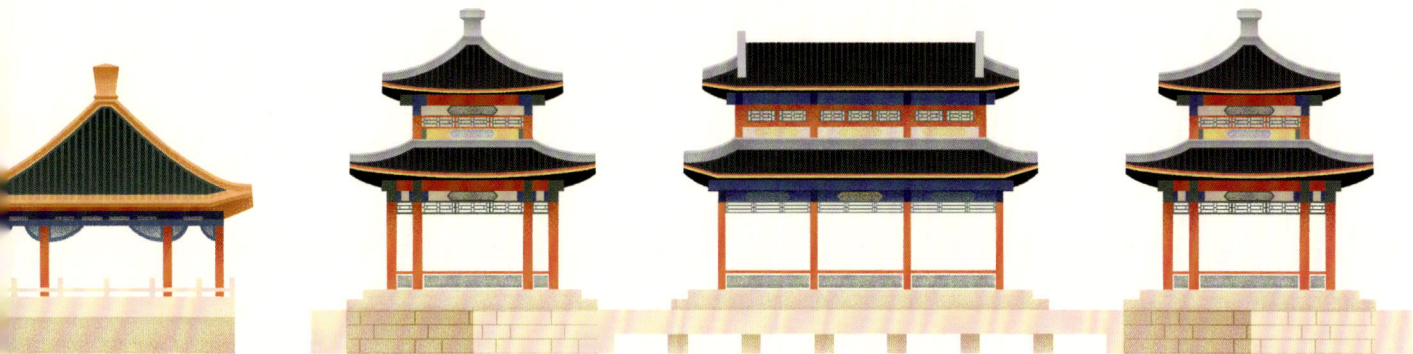

避暑山庄

水心榭

河北 承德

何园

水心亭

江苏 扬州

寄畅园

知鱼槛

江苏 无锡

颐和园谐趣园

涵远堂

北京

拙政园

与谁同坐轩

江苏 苏州

街巷里的
百年风云

他们曾经在这里

1

在风云变幻的近代中国，
众多历史人物前赴后继，
留下了不可磨灭的印迹。
让我们一同探寻他们曾经走过的道路，
聆听他们留下的故事。

孙中山的临时大总统府

在南京的长江路上，坐落着中国规模最大、保存最完整的近代建筑群——总统府旧址。这里的建筑几经兴废，最早曾是明代初年的汉王府、清代的江宁织造府。在近代中国，这座园子的主人如走马灯一样换了又换。这里既是洪秀全的天王府，又是清代两江总督的总督署，1912年成为孙中山办公的临时大总统府，之后又作为南京国民政府的总统府。

现在，这里成为中国近代历史博物馆。漫长又曲折的历史带给这片建筑群多样的建筑风格和庞大的建筑规模。在这里，中式花园与西式建筑相邻，现代建筑与古代建筑并存，你很难用一个词概括这里的建筑风格。

图书馆
这座三层的西式建筑建于1929年，最早作为国民政府参谋本部的办公楼，1946年改为国民政府图书馆。

临时大总统办公室
这座西式单层建筑，又被称为西花厅，建于清宣统二年，即1910年。而仅仅两年之后，孙中山先生在此宣誓就任中华民国临时大总统，并宣告了中国两千多年的君主专制制度彻底终结。

西花园
这座位于大堂西侧的中式古典园林的历史可以追溯到明代初年，是明成祖朱棣次子朱高煦的汉王府花园，所以又称"煦园"。清代又作为江宁织造府、太平天国天王府、两江总督署和国民政府总统府的花园，历经维护修葺，园林格局得以保存至今。煦园以水景见长，水域四周分布着不系舟、漪澜阁、忘飞阁、桐音馆等诸多传统园林建筑。

1. 总统府门楼　2. 东西朝房　3. 大堂　4. 总统府会客厅　5. 总统府政务局办公楼
6. 总统府文书局办公楼　7. 马厩　8. 陶林二公祠　9. 复园　10. 行政院旧址
11. 桐音馆　12. 花厅　13. 孙中山起居室　14. 方胜亭　15. 石舫（不系舟）
16. 夕佳楼　17. 忘飞阁　18. 漪澜阁　19. 图书馆　20. 国民政府主计处旧址
21. 临时大总统府秘书处　22. 临时大总统办公室　23. 国民政府参谋本部旧址

总统府文书局办公楼

这幢位于总统府中轴线最北端的现代建筑，是新民族形式建筑的代表作之一，建于 1934 年，时年正值林森（字子超）任国民政府主席，所以该楼又被称为子超楼。这里也是国民政府总统办公室所在地。

6

5

行政院旧址

行政院分为南北两座楼，北楼建成于 1928 年，南楼建成于 1934 年。行政院在民国时期是全国最高的行政机关。

9

10

4

8

大堂

从正门进入后，最先看见的就是这座中国传统建筑。这里曾是清朝两江总督署的大堂，国民政府时期沿用。大堂中央悬挂着孙中山手书的"天下为公"匾额。这里的原址曾是太平天国的金龙殿，后毁于战火。现存的大堂建筑建于清同治九年（1870 年）。

3

7

2

2

1

府 旧址

总统府门楼

总统府的正门是一座钢筋混凝土结构的门楼，建于 1929 年。门楼设有三座拱券门，八根罗马柱紧贴墙壁，是一座典型的新古典主义风格的西式建筑。

上海文化名人故居

上海自开埠以来，一直是东西方文化交汇、群星荟萃的所在。在风起云涌的 20 世纪上半叶，上海一直是全国文化活动最活跃的城市之一，大量文人学者来到上海，希望用手中的笔挽救彼时跌宕起伏的民族命运。他们中有些人短暂蛰居于此，有些则在此安度一生，无论时间长短，他们的故事都被这座城市记录了下来，就保存在这些他们曾经生活居住过的房子里。本小节图鉴收录了 10 位中国近现代作家在上海的居所，这些建筑只是上海众多文化名人故居的冰山一角，还有更多的建筑和故事藏在上海的巷弄里等着被发现。

巴金旧居
武康路 113 号
居住时间：1955 年—2005 年

丰子恺故居
陕西南路 39 弄 93 号
居住时间：1954 年—1975 年

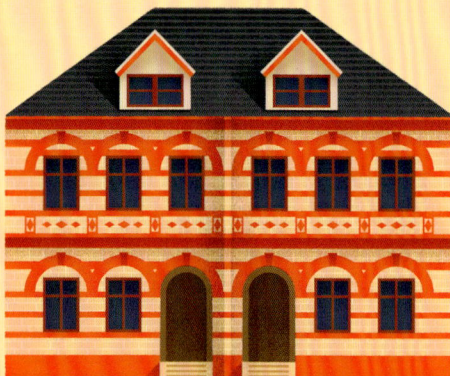

郭沫若旧居
溧阳路 1269 号
居住时间：1946 年—1947 年

柯灵故居
复兴西路 147 号
居住时间：1951 年—2000 年

鲁迅故居
山阴路 132 弄大陆新村 9 号
居住时间：1933 年—1936 年

沈尹默旧居
海伦路 504 号
居住时间：1946 年—1971 年

蔡元培故居
华山路 303 弄 16 号
居住时间：1937 年

丁玲旧居
昆山花园路 7 号
居住时间：1933 年

邹韬奋故居
重庆南路 205 弄万宜坊 54 号
居住时间：1930 年—1936 年

张爱玲故居
常德路 195 号常德公寓
居住时间：1942 年—1947 年

一

走进百年前的城市街区，
感受中国城市现代化的萌芽。

2
老街故事

江漢關

上海外滩

作为中国最为人熟知的近代历史文化街区，外滩可能是上海最具代表性的城市符号。这条1500米长的沿江建筑群以其多样的建筑风格和华丽的建筑造型，常被称为"万国建筑博览会"。外滩的历史大约有180年，从最早的江滩经过几次迭代形成了现在的规模。目前的外滩建筑主要兴建于20世纪20年代至30年代，这些建筑在当时几乎都代表了建筑设计和建造领域的世界一流水平。

外滩的建筑群不仅具有极高的艺术价值，也见证了上海的百年沧桑。这些建筑在历史长河中经历了数度变迁，从最早的英国驻沪领事官邸，到后来的各种金融机构和商业大楼，再到现在的旅游景点和城市地标，它们以各自的方式展现了上海的繁荣与演变，成为这个城市不可或缺的一部分。

本小节图鉴收录了外滩上的主要建筑，其中包括外滩现存最早的建筑——英国驻沪领事官邸。

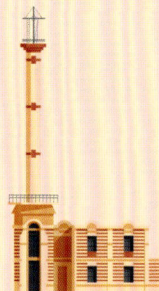

外滩信号塔
建成于 1907 年

亚细亚大楼旧址
外滩 1 号
建成于 1916 年

上海总会大楼|
外滩 2 号
建成于 1910 年

轮船招商局旧址
外滩 9 号
建成于 1901 年

汇丰银行大楼旧址
外滩 12 号
建成于 1923 年

麦加利银行旧址
外滩 18 号
建成于 1923 年

汇中饭店旧址
外滩 19 号
建成于 1908 年

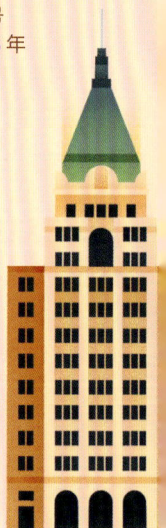

沙逊大厦旧址
外滩 20 号
建成于 1929 年

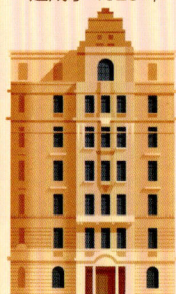

百老汇大厦
北苏州路 20 号
建成于 1934 年

格林邮船公司大楼旧址
外滩 28 号
建成于 1922 年

东方汇理银行大楼旧址
外滩 29 号
建成于 1913 年

英国驻沪总领事馆
外滩 33 号 −1
建成于 1873 年

有利银行旧址

外滩 3 号

建成于 1916 年

日清大楼旧址

外滩 5 号

建成于 1925 年

中国通商银行大楼旧址

外滩 6 号

建成于 1906 年

大北电报大楼旧址

外滩 7 号

建成于 1907 年

上海海关大楼

外滩 13 号

建成于 1927 年

交通银行大楼旧址

外滩 14 号

建成于 1948 年

华俄道胜银行旧址

外滩 15 号

建成于 1902 年

台湾银行大楼旧址

外滩 16 号

建成于 1927 年

字林西报大楼旧址

外滩 17 号

建成于 1924 年

中国银行大楼

外滩 23 号

建成于 1937 年

横滨正金银行旧址

外滩 24 号

建成于 1924 年

扬子保险公司旧址

外滩 26 号

建成于 1920 年

怡和洋行办公楼旧址

外滩 27 号

建成于 1922 年

英国驻沪总领事官邸旧址

外滩 33 号 -2

建成于 1871 年

新天安堂

南苏州路 107 号

建成于 1886 年

浦江饭店

黄浦路 15 号

建成于 1846 年

北京东西交民巷

在北京天安门广场东西两侧的胡同里，分布着十余座与老北京城风格截然不同的西洋建筑。东侧的胡同是东交民巷，西侧的则是西交民巷。

东交民巷的西洋建筑群是 1860 年清政府战败后，被迫同意外国人在此建立的使馆区。这片位于北京城中心区域的街区曾在长达半个世纪的时间里都是中国人的禁区，直到新中国成立后，东交民巷的实际控制权才重新回归。不得不承认，东交民巷的西洋建筑见证了中国那段被侵略、被压迫的历史，但同样在这里，这些建筑也见证了这个国家一次次的抗争和最终的崛起。

相较于曾被外国人占领的东交民巷，西交民巷在 20 世纪初的时候则是中资银行的聚集地。1905 年，中国第一家官办银行就诞生在这里。据统计，先后有 35 家银行进驻过西交民巷，这条胡同一度被称为"银行街"。时至今日，在西交民巷依然可以看到不少银行的旧址建筑。本节图鉴收录了东、西交民巷的部分历史建筑。

▲ 中国农工银行北平分行旧址

▲ 东方汇理银行旧址

▲ 中华汇业银行北京分行旧址

▲ 正金银行旧址

▲ 北洋保商银行大楼旧址

▲ 花旗银行旧址

▲ 大陆银行北京分行旧址

▲ 中央银行北平分行旧址

法国邮政局旧址

英国使馆大门旧址

法国使馆大门旧址

日本使馆大门旧址

意大利使馆主楼旧址

比利时使馆主楼旧址

武汉江汉路

　　江汉路，这条全国闻名的商业步行街，早在清末就以其优越的地理位置和浓厚的商业氛围，成为武汉贸易和商业最繁荣的地方。外国资本家和民族资本家曾纷纷在此投资兴建银行、公司和商店，这些建筑构成了今天我们所见的江汉路近代建筑群的雏形。时至今日，在江汉路沿线，以及附近的沿江大道、中山大道上，依然矗立着大量风格各异的近代建筑，江汉路因此被誉为武汉 20 世纪建筑的博物馆。这里不仅展示了不同风格的建筑艺术，也见证了武汉近现代历史的变迁。本节图鉴选录了江汉路以及附近的沿江大道、中山大道上的部分近代建筑。

▲
大孚银行旧址
南京路 104 号
建成于 1924 年

▲
汉口金城银行旧址
保华街 2 号
建成于 1931 年

▲
江汉关
沿江大道 129 号
建于 1924 年

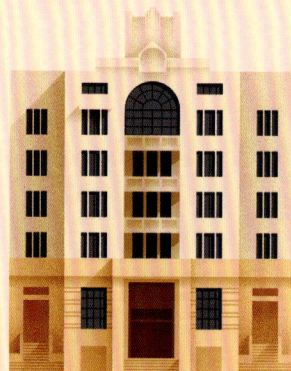

▲
聚兴诚银行旧址
江汉路 116 号
建成于 1936 年

▲
台湾银行汉口分行旧址
江汉路 21 号
建成于 1915 年

▲
太古洋行旧址
沿江大道 140 号
建于 1918 年—1937 年

广东银行旧址

扬子街 7 号
建成于 1923 年

国货商场

江汉路 129 号
建成于 1931 年

汉口汇丰银行大楼旧址

沿江大道 143 号
建成于 1920 年

汉口日清洋行大楼旧址

沿江大道 131 号
建成于 1913 年

横滨正金银行汉口分行旧址

南京路 2 号
建成于 1921 年

花旗银行大楼旧址

沿江大道 142 号
建成于 1921 年

日信洋行旧址

江汉路 12 号
建成于 1917 年

上海银行汉口分行旧址

江汉路 60 号
建成于 1923 年

四明银行大楼

江汉路 45 号
建成于 1936 年

浙江实业银行汉口分行旧址

中山大道 912 号
建成于 1926 年

中国实业银行大楼旧址

江汉路 22 号
建成于 1935 年

中央信托局汉口分局旧址

中山大道 908 号
建成于 1936 年

天津五大道

　　天津的五大道街区可能是中国近代建筑密度最大的区域之一了。在天津和平区的这片1.28平方千米的街区里，坐落有2000余幢不同国家、不同风格的花园式房屋。这里的建筑大多建于20世纪20~30年代，建筑风格极其丰富多样，被誉为"万国建筑博览苑"。不同于上海外滩的商业建筑，天津五大道区域多为住宅建筑，曾有上百位近代历史名人在此居住。本小节收录的建筑以五大道区域里的全国重点文物保护单位为主。

▲
安乐邨
马场道98~110号

▲
高树勋旧居
睦南道141号

▲
疙瘩楼
河北路283~295号

▲
金邦平旧居
重庆道114号

▲
李勉之旧居
睦南道74号

▲
纳森旧居
睦南道70号

96

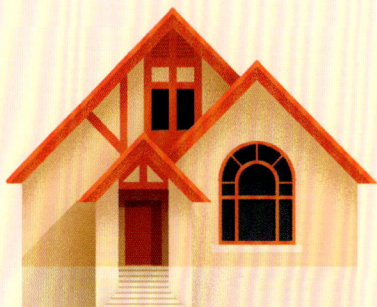

卞万年旧居
云南路 57 号

曹锟旧居
南海路 2 号

龚心湛旧居
重庆道 64 号

顾维钧旧居
河北路 267 号

关麟征旧居
长沙路 97 号

李叔福旧居
睦南道 28 号

林鸿赉旧居
常德道 2 号

潘复旧居
马场道 2 号

庆王府旧址
重庆道 55 号

孙殿英旧居
睦南道 20 号

孙季鲁旧居
郑州道 20 号

徐氏旧居
马场道 44-46 号

徐世章旧居
睦南道 126 号

英国文法学校旧址
湖北路 59 号

张绍曾旧居
河北路 334 号

张学铭旧居
睦南道 50 号

孙氏旧居
大理道 66 号

吴颂平旧居
昆明路 117 号

许氏旧居
睦南道 11 号

颜惠庆故居
睦南道 26 号

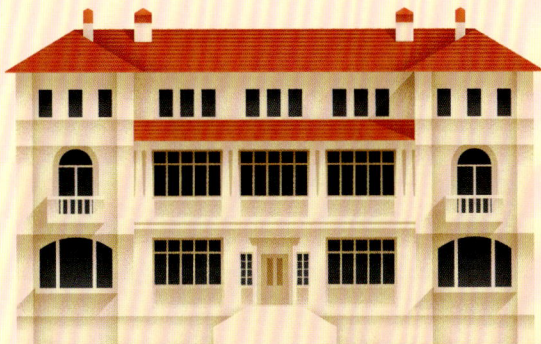

雍剑秋旧居
马场道 60-62 号

曾延毅旧居
常德道 1 号

张自忠旧居
成都道 60 号

张作相旧居
重庆道 4 号

訾玉甫旧居
大理道 37 号

南京颐和路

说到南京的民国建筑，颐和路公馆区一定是绕不开的话题。作为当年"首都计划"最大的住宅示范区，距今已有九十多年的历史。颐和路公馆区，其实是由北京西路、江苏路、宁海路、西康路等多条马路围合而成的大型街区。而颐和路只是作为街区的中轴线成为这个片区的代名词。

整个街区树木成荫，380 余座住宅建筑散布其中，至今依然基本保留着当年的风貌和格局。这里曾经是许多民国党政军要员和社会各界的精英人士生活居住的地方，其中还包括十几个国家和地区的 20 多座大使馆、公使馆旧址，所以常有"一条颐和路，半部民国史"的说法。

颐和路公馆区据说被划分成了 13 个片区，目前大多数还用于居住。本节图鉴收录的是颐和路公馆第十二片区里的主要民国建筑，这一片区也是颐和路公馆里少数完整对公众开放的区域。

▲
陈布雷旧居
第十二片区 8 号楼

▲
邓寿荃旧居
第十二片区 1 号楼

▲
李子敬旧居
第十二片区 17 号楼

▲
刘嘉树旧居
第十二片区 18 号楼

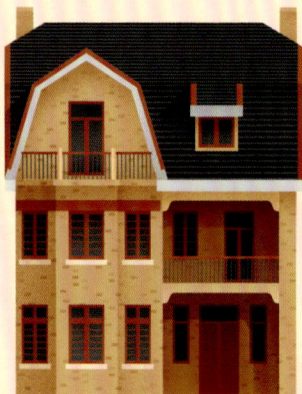

▲
吴光杰旧居
第十二片区红公馆艺文空间

▲
吴兆棠旧居
第十二片区 6 号楼

▲
熊斌旧居
第十二片区中餐厅

▲
薛岳旧居
第十二片区 12 号楼

▲
杨公达旧居
第十二片区 16 号楼

▲
杨华臣旧居
第十二片区 2 号楼

光宣甫旧居
第十二片区适之楼

黄仁霖旧居
第十二片区艺风堂

蓝宗德旧居
第十二片区 20 号楼

南京特别市第六区区公所旧址
第十二片区先锋书店

汪鹏旧居
第十二片区 5 号楼

翁存斋旧居
第十二片区 3 号楼

熊斌旧居
第十二片区梦桐墅

许钟崎旧居
第十二片区酒店大堂

袁守谦旧居
第十二片区 7 号楼

张笃伦旧居
第十二片区桐影楼

朱石仙旧居
第十二片区 15 号楼

城市里的鸿篇巨"筑"

1 直上云霄

危楼高百尺，手可摘星辰——
回顾中国的高楼从百尺到百米的进化。

古代楼阁

　　楼阁是两层以上的装饰精美的高大建筑，可以供游人登高远望，休息观景，还可以用来藏书供佛，悬挂钟鼓。在中国辽阔的土地上，楼阁建筑随处可见，这些各具特色的建筑，折射出中华文明的丰富多彩、博大精深。在中国古代，受限于建筑材料和技术，建造多层楼阁建筑的难度要远大于单层建筑，但这依然没有阻挡古人对于建造更高楼阁的向往。不过大部分的古代楼阁都留在了文献的记载和诗词的咏叹中，仅有极少部分留存至今。本节图鉴收录了 5 幢中国古代木构楼阁建筑。

佛香阁
36.4 米
建于清代
北京
▼

飞云楼
23.2 米
始建于明代
山西 运城
▼

岳阳楼
19.4 米
重建于清代
湖南 岳阳
▼

飞雲樓

岳陽樓

钟楼
48 米
始建于元代
北京
▼

独乐寺观音阁
23 米
重建于辽代
天津
▼

近代摩天楼

　　19世纪，钢材开始被应用于建筑领域，揭开了现代建筑的新篇章。1885年，第一幢全钢结构的多层建筑在美国芝加哥落成。1922年，中国广州迎来了中国第一座框架结构建筑——南方大厦，这座高50米的建筑被视为中国摩天楼建筑的起点。在20世纪20~30年代，中国陆续建成了多座高度超过50米的现代摩天楼建筑，其中位于上海的国际饭店，以84米的高度傲视群雄，在当时被誉为远东第一高楼。

沙逊大厦
77 米
建成于 1929 年
上海
▼

南方大厦
50 米
建成于 1922 年
广东 广州
▼

江汉关
46 米
建成于 1924 年
湖北 武汉
▼

佛香阁
36.4 米
建于清代
北京
▼

七重天宾馆
70 米
建成于 1932 年
上海
▼

百老汇大厦
77 米
建成于 1934 年
上海
▼

上海国际饭店
84 米
建成于 1934 年
上海
▼

突破百米

　　中国第一幢 100 米以上的摩天楼同样诞生在广州。1976 年，标高 120 米的白云宾馆落成，标志着中国摩天楼突破了百米大关。白云宾馆也因此超越了上海国际饭店，成为当时中国内地的最高建筑。之后的 20 年间，全国各城市都逐渐开始修建百米以上的摩天楼。一时间，如雨后春笋般落成的摩天楼成为那个时代中国社会发展和进步的象征。

200 米

150 米

白云宾馆
120 米
建成于 1976 年
广东 广州
▼

上海国际饭店
84 米
建成于 1934 年
上海
▼

金陵饭店
110 米
建成于 1983 年
江苏 南京
▼

100 米

广东国际大厦
200 米
建成于 1991 年
广东 广州
▼

200 米

北京京城大厦
184 米
建成于 1991 年
北京
▼

深圳国贸大厦
160 米
建成于 1985 年
广东 深圳
▼

150 米

100 米

超级摩天楼

1999 年，上海浦东新区，一幢宝塔造型的摩天大楼——金茂大厦落成，建筑标高达到了惊人的 421 米。金茂大厦作为中国第一幢高度在 400 米以上的超级摩天大楼，正式开启了中国城市的"超级摩天大楼竞赛"。从 1999 年到 2023 年，中国各地陆续建成了 110 多座 300 米以上的摩天大楼，其中 400 米以上的超级摩天楼多达 18 座。仅仅 20 年的时间，中国就一跃成为全球超级摩天大楼数量最多的国家。本节图鉴收录了截至 2023 年 6 月全国范围内建成并交付使用的 400 米以上的超级摩天楼。

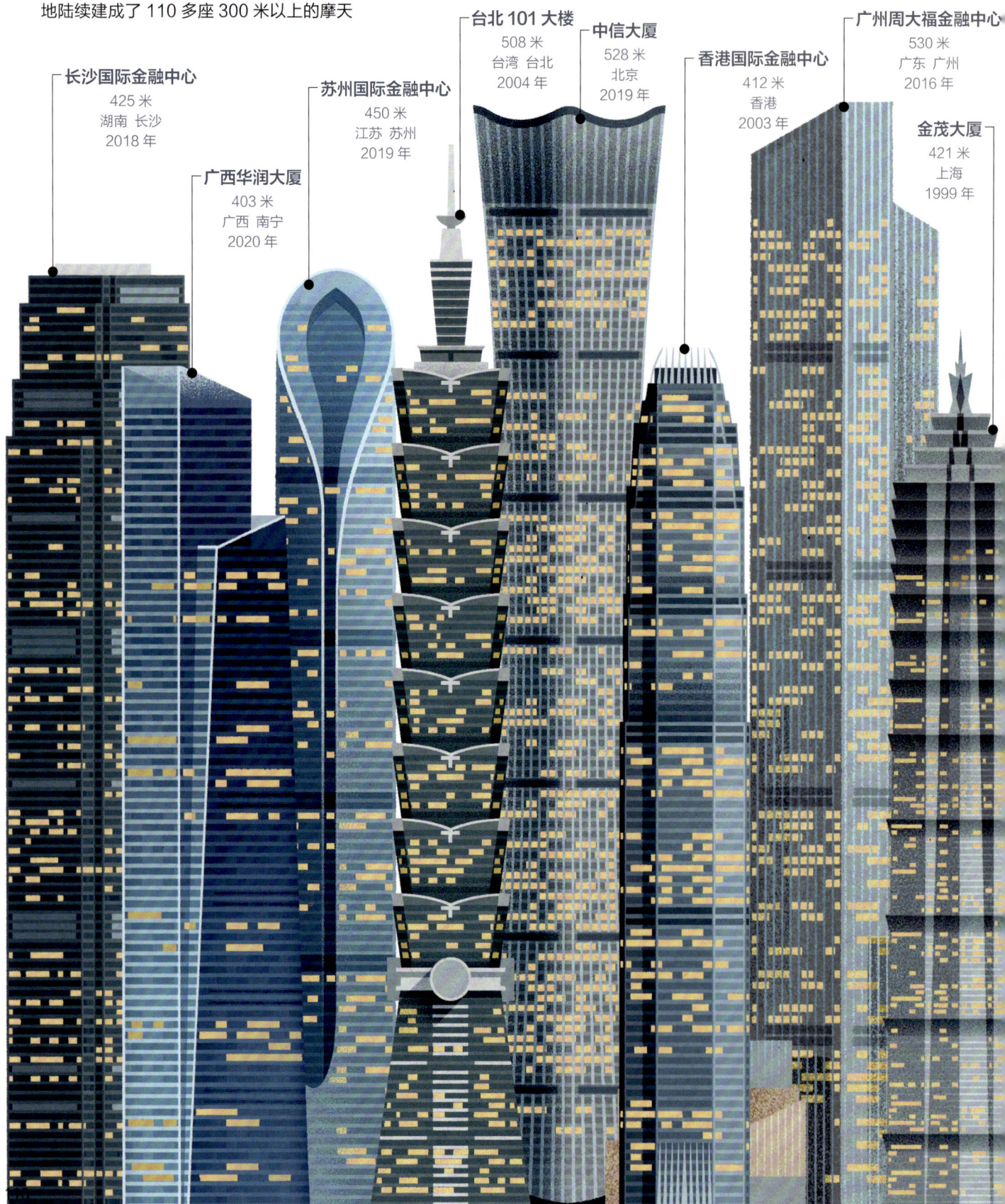

长沙国际金融中心
425 米
湖南 长沙
2018 年

广西华润大厦
403 米
广西 南宁
2020 年

苏州国际金融中心
450 米
江苏 苏州
2019 年

台北 101 大楼
508 米
台湾 台北
2004 年

中信大厦
528 米
北京
2019 年

香港国际金融中心
412 米
香港
2003 年

广州周大福金融中心
530 米
广东 广州
2016 年

金茂大厦
421 米
上海
1999 年

上海中心大厦
632 米
上海
2016 年

上海环球金融中心
492 米
上海
2008 年

天津周大福金融中心
530 米
天津
2020 年

平安国际金融中心
599 米
广东 深圳
2017 年

环球贸易广场
484 米
香港
2010 年

广州国际金融中心
440 米
广东 广州
2010 年

民盈国贸中心
423 米
广东 东莞
2021 年

紫峰大厦
450 米
江苏 南京
2010 年

京基 100 大厦
442 米
广东 深圳
2011 年

武汉绿地中心
476 米
湖北 武汉
2022 年

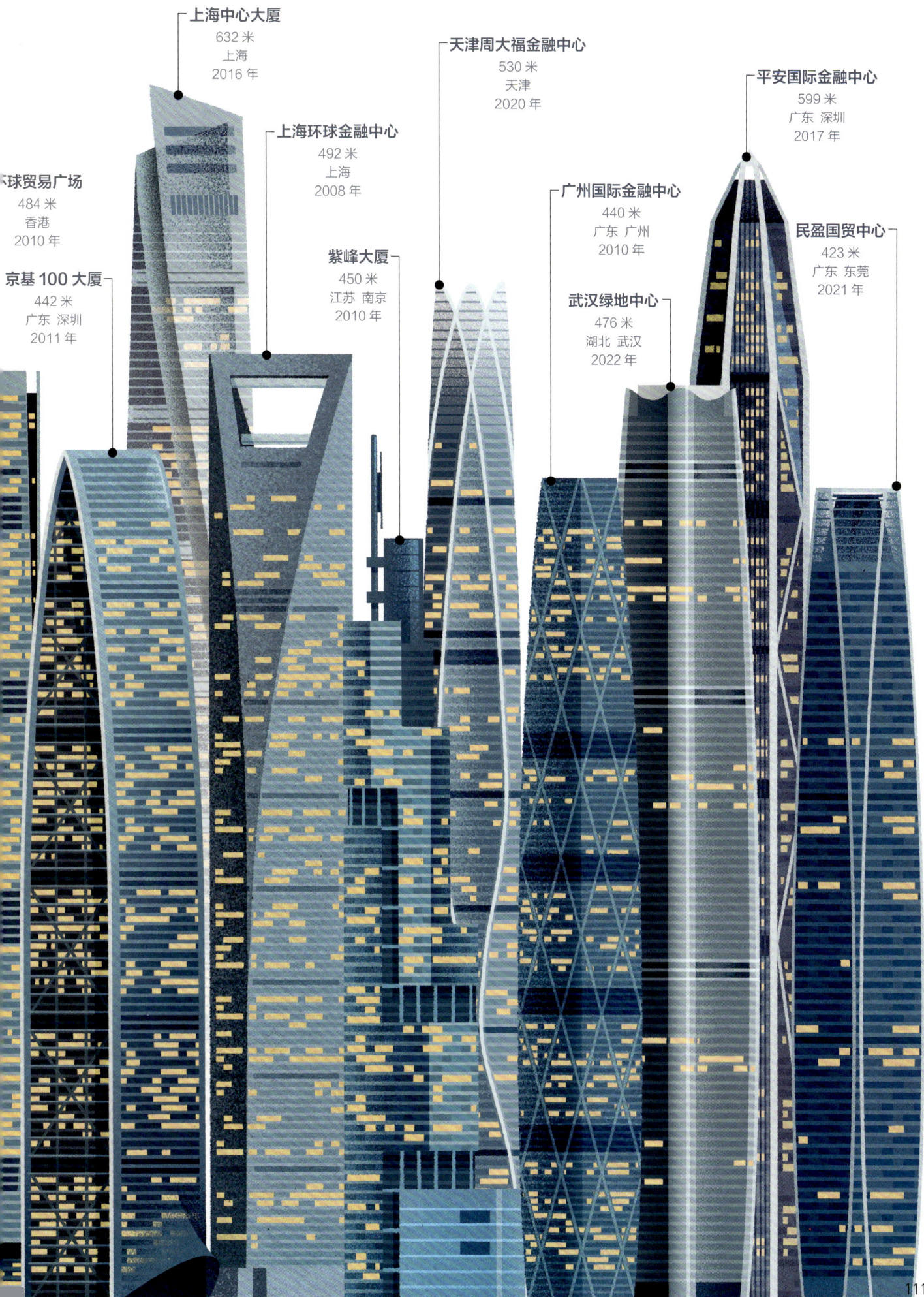

111

看！又是塔

　　佛塔曾是古代中国的标志性建筑之一。今天，另一种类型的高塔也成为每个城市的标志性建筑之一——广播电视塔。广播电视塔在设计上的主要功能是发射和接收广播电视信号。为了让信号尽可能覆盖更广的面积，电视塔就需要建得尽可能高。在中国刚开始修建电视塔的年代，电视塔的高度远远高于楼房建筑的高度。中国第一座电视塔是 1986 年落成的武汉龟山电视塔，高 221 米，而当时武汉还没有高度超过 100 米的楼房。随着时间的推移，我国最高的电视塔的纪录被不断刷新。目前，我国最高的电视塔是建成于 2010 年的广州塔，高达 600 米。本节图鉴收录了中国部分广播电视塔建筑，所标注的年份均为建成年份。

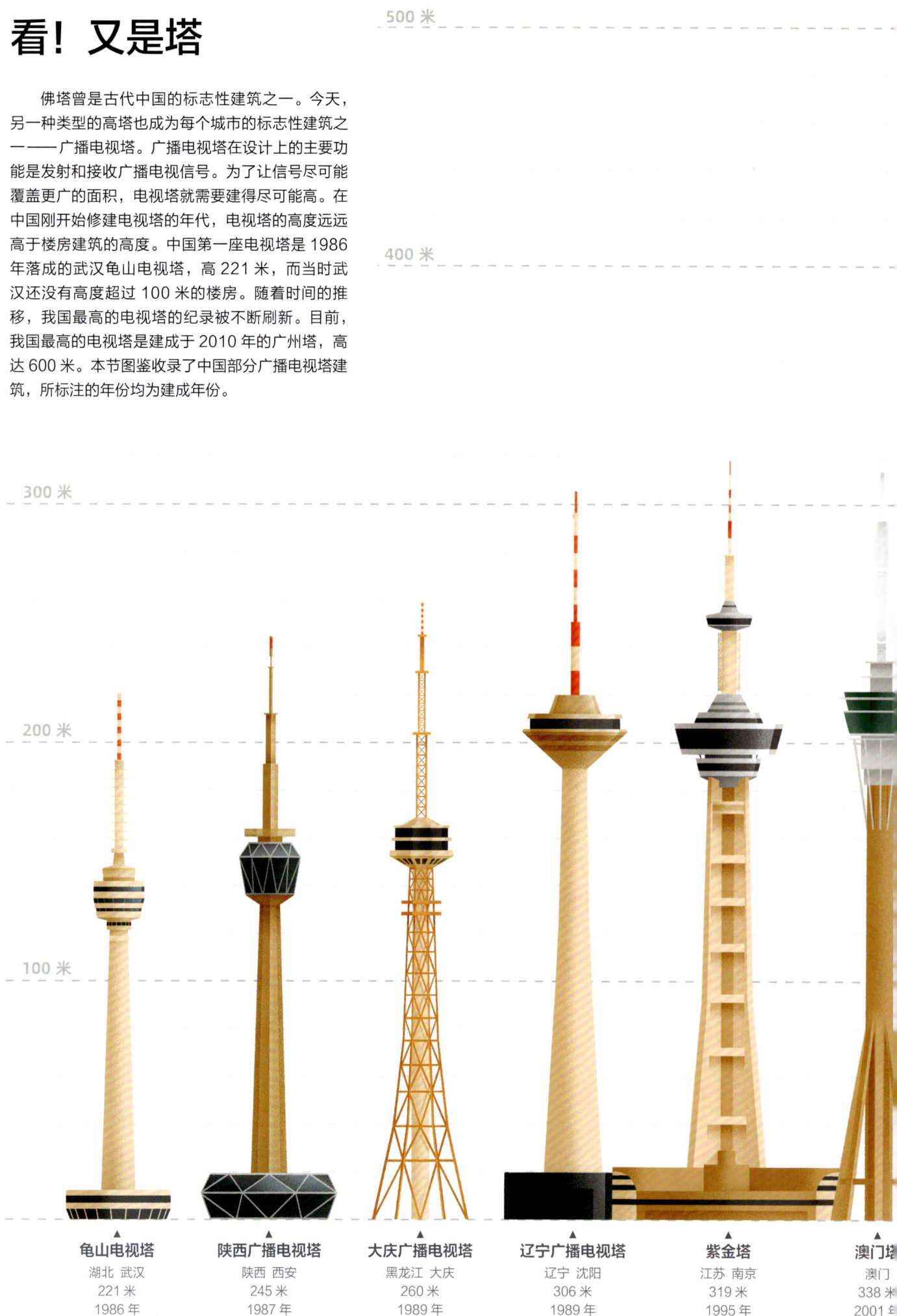

500 米

400 米

300 米

200 米

100 米

龟山电视塔	陕西广播电视塔	大庆广播电视塔	辽宁广播电视塔	紫金塔	澳门塔
湖北 武汉	陕西 西安	黑龙江 大庆	辽宁 沈阳	江苏 南京	澳门
221 米	245 米	260 米	306 米	319 米	338 米
1986 年	1987 年	1989 年	1989 年	1995 年	2001 年

上海陆家嘴 CBD 摩天楼图鉴

在今天的中国，摩天楼最集中的区域当属一个城市的中央商务区（CBD）了。而在众多 CBD 中，上海陆家嘴 CBD 可能是最为人所熟知的。陆家嘴 CBD 与外滩建筑群隔江相对，两条跨越百年的新老天际线仿佛在无声地诉说着过去 100 年波澜壮阔的历史风云。本节图鉴收录了上海陆家嘴 CBD 核心区域的主要摩天楼建筑，标注的年份为建成或启用年份。

▲ 中国金融信息中心
100 米
2014 年

▲ 浦东香格里拉一期
100 米
1998 年

▲ 港务大厦
131 米
1998 年

▲ 上海哈瓦那大酒店
135 米
2009 年

▲ 浦东海关大楼
137 米
1995 年

▲ 汤臣一品
150 米
—

▲ 震旦国际大楼
185 米
2003 年

▲ 东亚银行金融大厦
198 米
2008 年

▲ 金砖大厦
199 米
2014 年

▲ 恒生银行大厦
203 米
1999 年

▲ 黄金置地大厦
206 米
2007 年

▲ 招商银行上海大厦
208 米
2011 年

▲ 太平金融大厦
216 米
2011 年

▲ 海银金融中心
220 米
2008 年

▲ 中银大厦
226 米
1999 年

▲ 交银金融大厦
230 米
1999 年

▲ 上海银行大厦
230 米
2005 年

▲ 时代金融中心
239 米
2008 年

▲ 工银大厦
256 米
2017 年

▲ 天府熊猫塔
四川 成都
339 米
2004 年

▲ 中原福塔
河南 郑州
388 米
2009 年

▲ 中央广播电视塔
北京
405 米
1994 年

▲ 天津广播电视塔
天津
415 米
1992 年

▲ 东方明珠广播电视塔
上海
468 米
1994 年

▲ 广州塔
广东 广州
600 米
2010 年

上海陆家嘴 CBD

作为上海的新门面，陆家嘴 CBD 的意义已经超越了商务区本身的经济价值。今天坐拥中国最高建筑的陆家嘴，以其惊人的建筑密度和高度成为全球最著名的城市天际线之一。

浦江双辉大厦 218 米

招商银行上海大厦 208 米

上海哈瓦那大酒店 135 米

工银大厦 256 米

星展银行大厦 95 米

海银金融中心 220 米

上海富士康总部大厦 95 米

时代金融中心 239 米

中国金融信息中心 100 米

恒生银行大厦 203 米

汇亚大厦 169 米

上海海洋水族馆

黄金置地大厦 206 米

港务大厦 131 米

上海银行大厦 230 米

上海国际会议中心

东方明珠广播电视塔 468 米

交银金融大厦 230 米

平安金融大厦

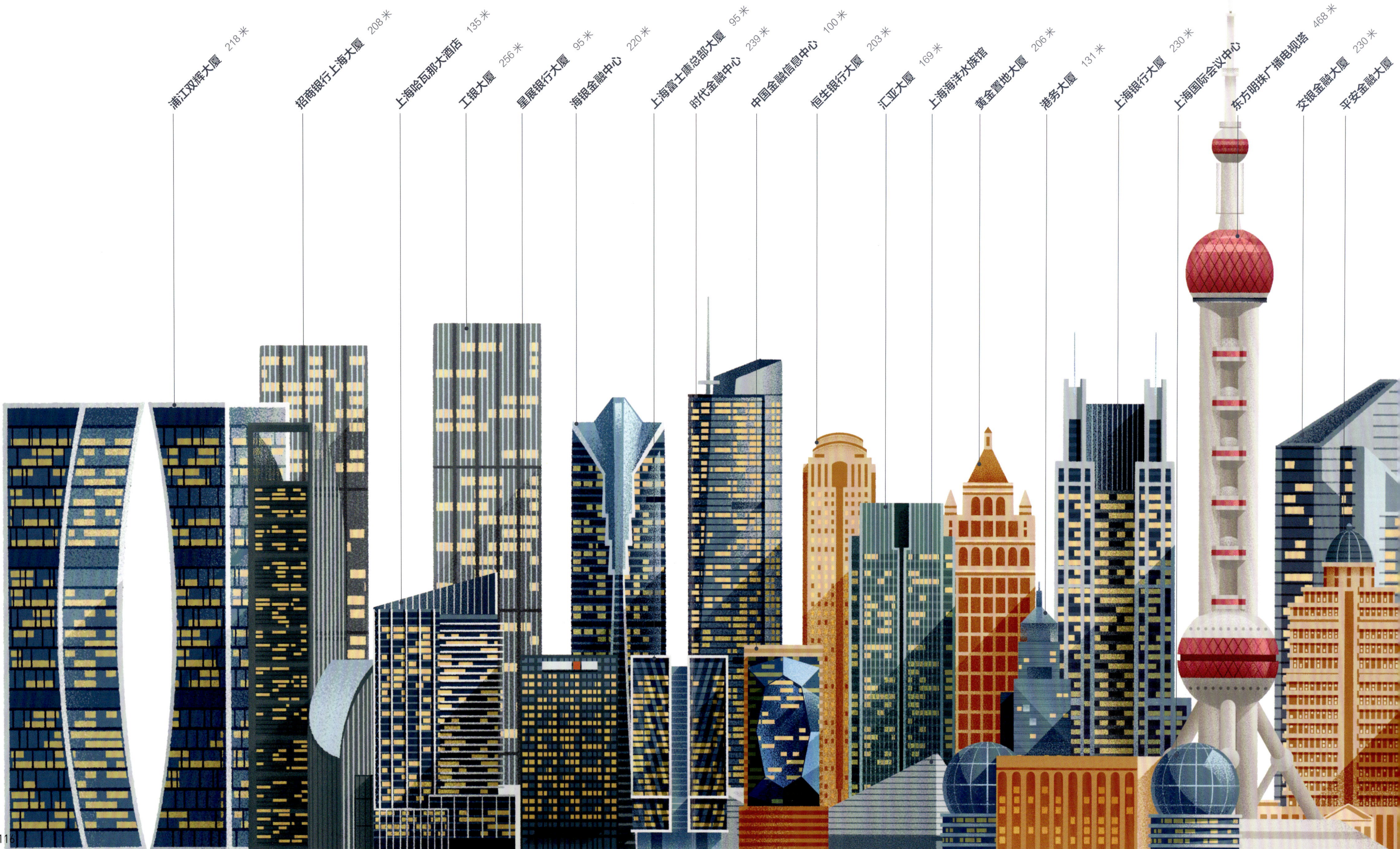

北京国贸 CBD

如果说哪座城市能将古老和现代的融合展现得淋漓尽致，北京无疑是最典型的城市之一。从景山向东望去，高楼林立的北京 CBD 和故宫的琉璃瓦构成了一条跨越六百多年的城市天际线。在这条城市天际线中，最引人注目的莫过于北京中信大厦，它以独特的造型和 528 米的高度，成为北京的新地标。这座超级摩天楼，因其酷似中国古代礼器"尊"，被人们称为"中国尊"。北京 CBD 不仅代表了现代中国的崛起和繁荣，更在古老与现代的交融中，展现出中华文化的独特魅力。

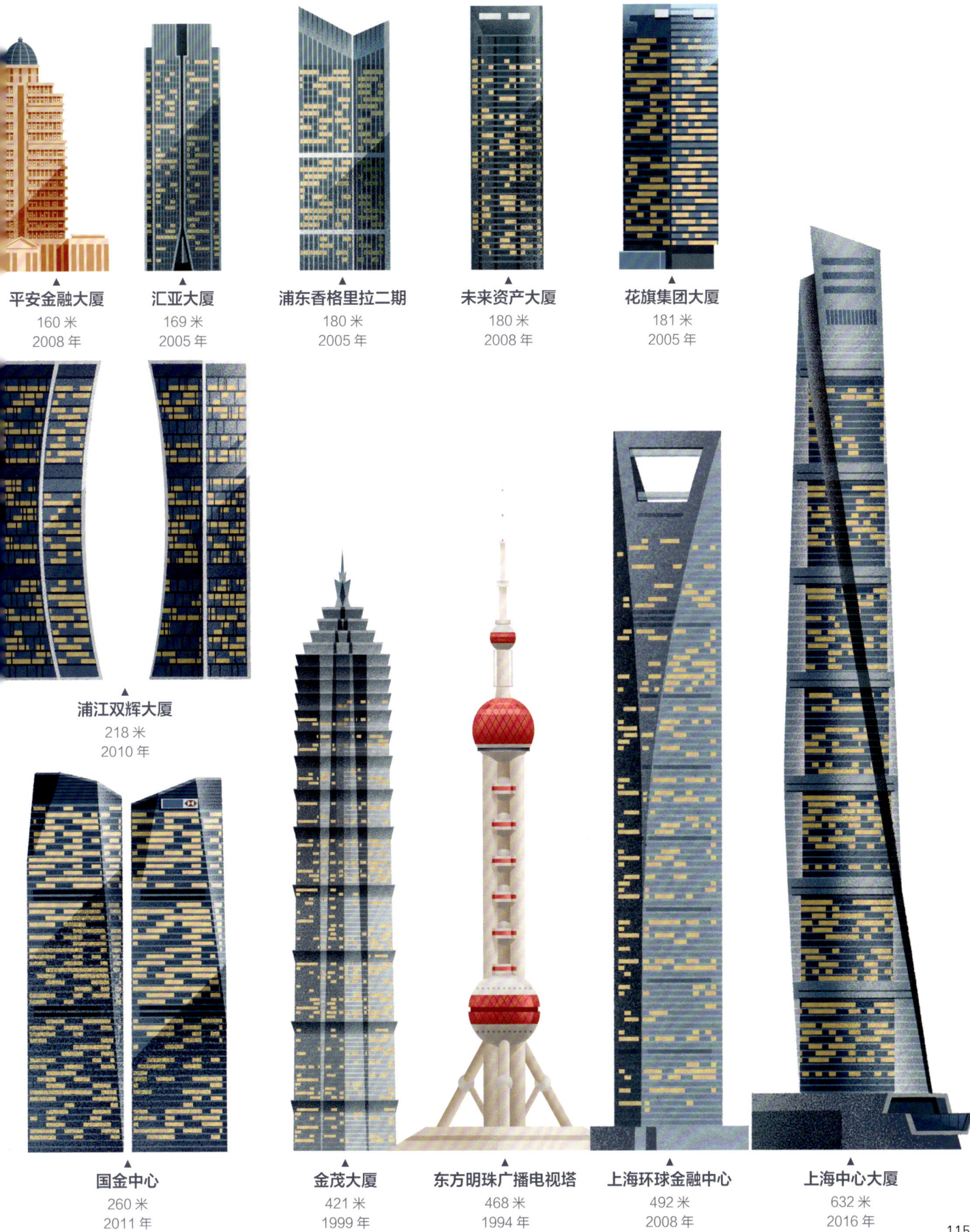

平安金融大厦
160 米
2008 年

汇亚大厦
169 米
2005 年

浦东香格里拉二期
180 米
2005 年

未来资产大厦
180 米
2008 年

花旗集团大厦
181 米
2005 年

浦江双辉大厦
218 米
2010 年

国金中心
260 米
2011 年

金茂大厦
421 米
1999 年

东方明珠广播电视塔
468 米
1994 年

上海环球金融中心
492 米
2008 年

上海中心大厦
632 米
2016 年

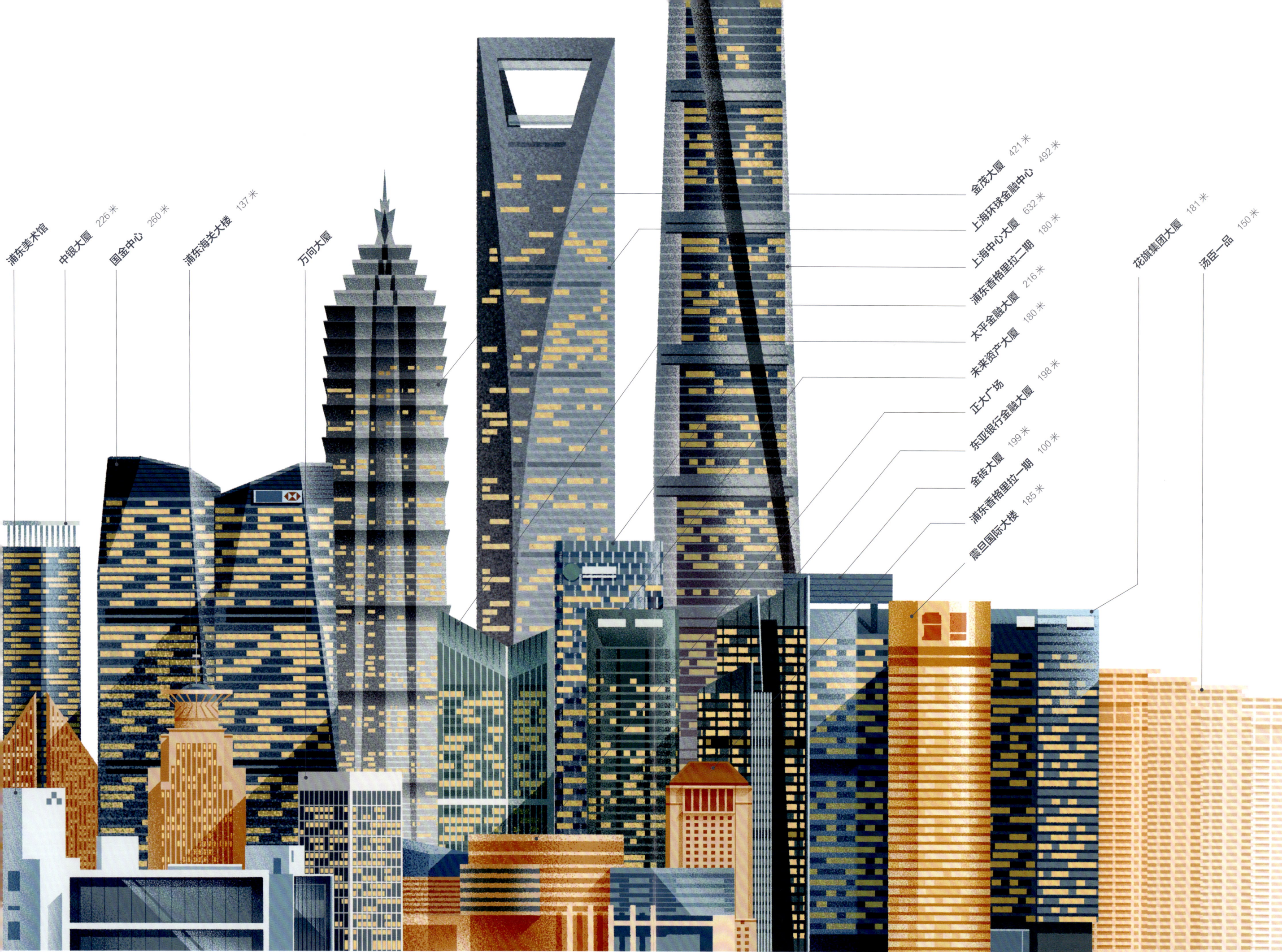

浦东美术馆

中银大厦 226 米

国金中心 260 米

浦东海关大楼 137 米

万向大厦

金茂大厦 421 米

上海环球金融中心 492 米

上海中心大厦 632 米

浦东香格里拉二期 180 米

太平金融大厦 216 米

未来资产大厦 180 米

正大广场

东亚银行金融大厦 198 米

金砖大厦 199 米

浦东香格里拉一期 100 米

震旦国际大楼 185 米

花旗集团大厦 181 米

汤臣一品 150 米

北京国贸 CBD 摩天楼图鉴

本节图鉴收录了北京 CBD 核心区域的主要摩天楼建筑，标注的年份为建成年份或启用年份。

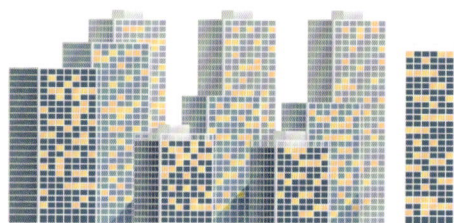

❶ 建外 SOHO

99 米

2004 年

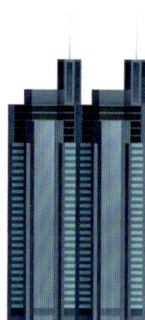

❷ 嘉里中心

124 米

1998 年

❸ 中服大厦

126 米

1996 年

❹ 招商局大厦

150 米

1998 年

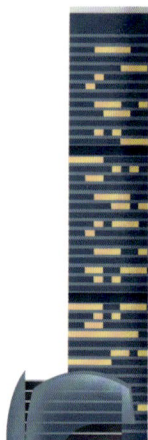

❾ 阳光金融中心

205 米

2021 年

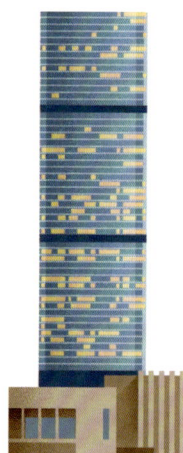

❿ 京广中心

208 米

1990 年

⓫ 泰康集团大厦

216 米

2021 年

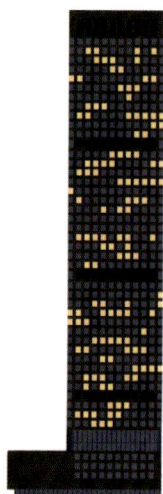

⓬ 众秀大厦

231 米

—

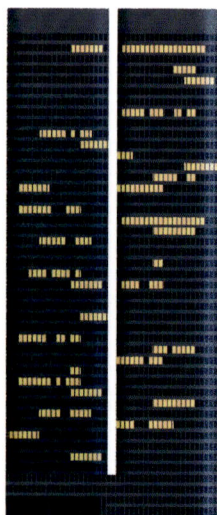

⓮ 正大中心双塔

238 米

2018 年

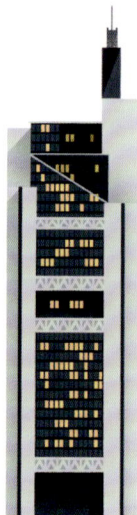

⓯ 北京广播电视台大楼

239 米

2008 年

⓰ 银泰中心柏悦酒店

250 米

2007 年

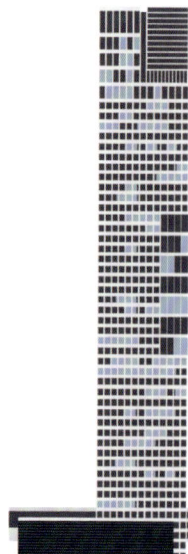

⓱ 三星大厦

260 米

2018 年

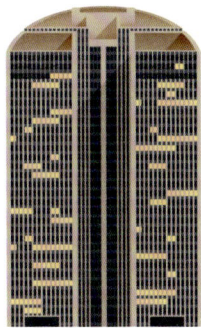

⑤ 中环世贸中心
150 米
2005 年

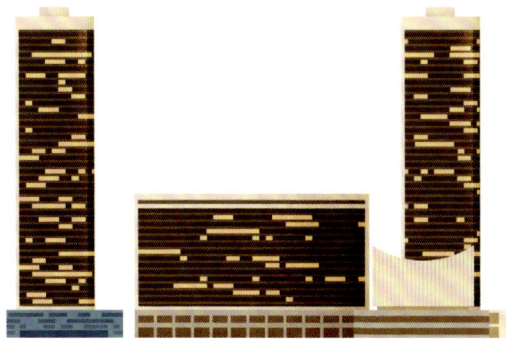

⑥ 国际贸易中心 1 期
155 米
1989 年

⑦ 国际贸易中心 2 期
155 米
1999 年

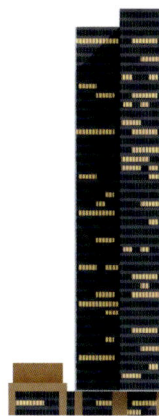

⑧ 中国人寿保险大厦
188 米
2019 年

⑬ 中央电视台总部大楼
234 米
2009 年

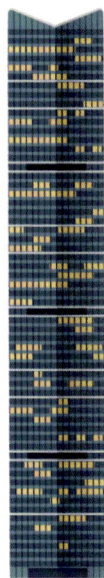

⑱ 财富金融中心
267 米
2014 年

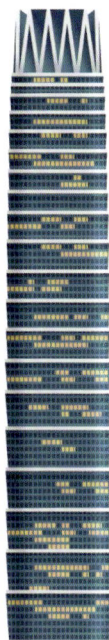

⑲ 国贸 3 期 B 座
296 米
2017 年

⑳ 国贸 3 期 A 座
330 米
2010 年

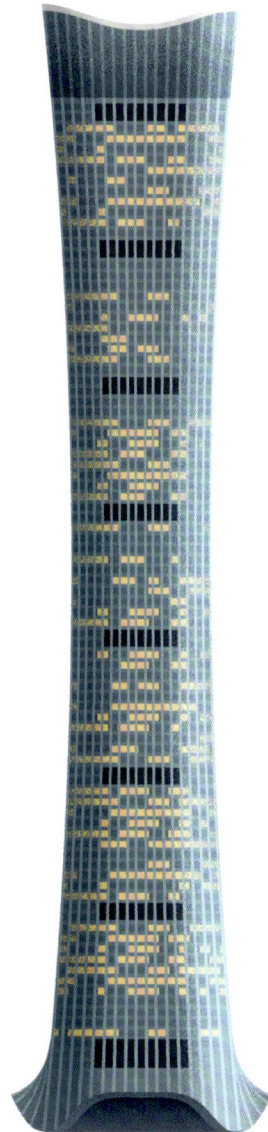

㉑ 中信大厦
528 米
2019 年

广州天河 CBD

广州天河 CBD 位于珠江岸边，是我国三大国家级 CBD 之一，也是国内 300 米以上摩天楼最密集的区域。在广州 CBD 中，摩天楼的设计各具特色：有的采用了现代化的玻璃幕墙设计，有的运用了独特的曲线造型，有的则是在传统建筑元素的基础上进行了创新。这些独特的设计元素使得广州 CBD 成为中国最具辨识度的城市天际线之一。

广州天河 CBD 摩天楼图鉴

本节图鉴收录了由冼村路、华夏路、黄埔大道和珠江围合的区域内的摩天楼，这片区域也是天河 CBD 摩天楼密度最高的区域，标注的年份为建成年份。

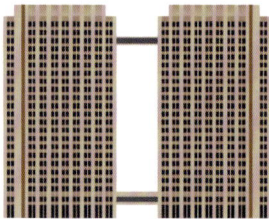

❶ 富力君悦大酒店
100 米
2005 年

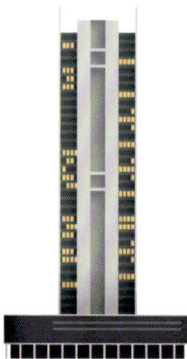

❷ 广东全球通大厦
165 米
2008 年

❸ 富力盈隆广场
173 米
2006 年

❹ 保利 V 座
180 米
2011 年

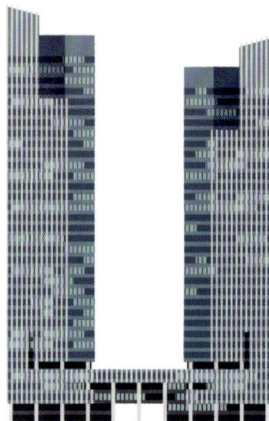

❾ 富力盈通大厦
196 米
2010 年

❿ 合景国际金融广场
198 米
2007 年

⓫ 侨鑫国际金融中心
227 米
2016 年

⓬ 富力中心
243 米
2007 年

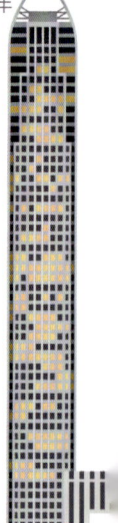

⓭ 凯华国际
253 米
2016 年

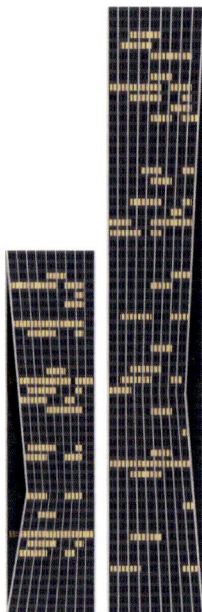

⓰ 粤海金融中心
284 米
2021 年

⓱ 富力盈凯广场
296 米
2014 年

⓲ 利通广场
303 米
2012 年

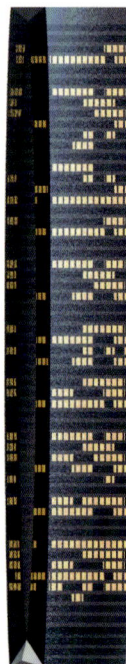

⓳ 越秀金融大厦
309 米
2015 年

⓴ 珠江城大厦
310 米
2013 年

❺ 高德置地广场 A 座
185 米
2011 年

❻ 恒大中心
189 米
2013 年

❼ 雅居乐中心
189 米
2016 年

❽ 嘉裕酒店
190 米
2016 年

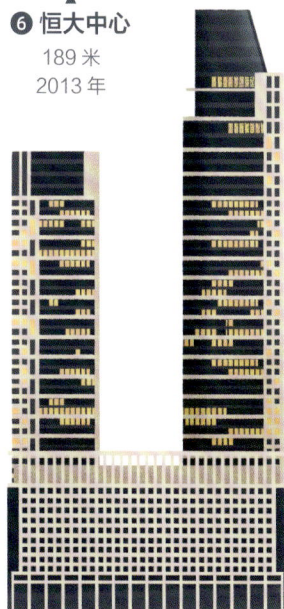

⓮ 广州银行大厦
267 米
2012 年

⓯ 高德置地广场 H 座
283 米
2016 年

㉑ 环球都会广场
319 米
2016 年

㉒ 广晟国际大厦
350 米
2012 年

㉓ 广州国际金融中心
440 米
2010 年

㉔ 广州周大福金融中心
530 米
2016 年

2

跨越江海

从古至今，
中国桥梁建设的奇迹层出不穷。
本章将盘点中国那些跨越江海的桥梁奇迹。

古代桥梁

　　中国修筑桥梁的历史久远，今天我们常见的古代桥梁多为石桥。本节收录了中国现存的古桥中比较著名的几座石桥。智慧的古人将石材这种沉重的材料通过合理的结构修筑成跨越江河的桥梁，这些桥梁不仅带来了交通的便利，更是古人留给今天的跨越时间的建筑奇迹。

▲
洛阳桥
总长度 834 米
始建于 1053 年
福建 泉州

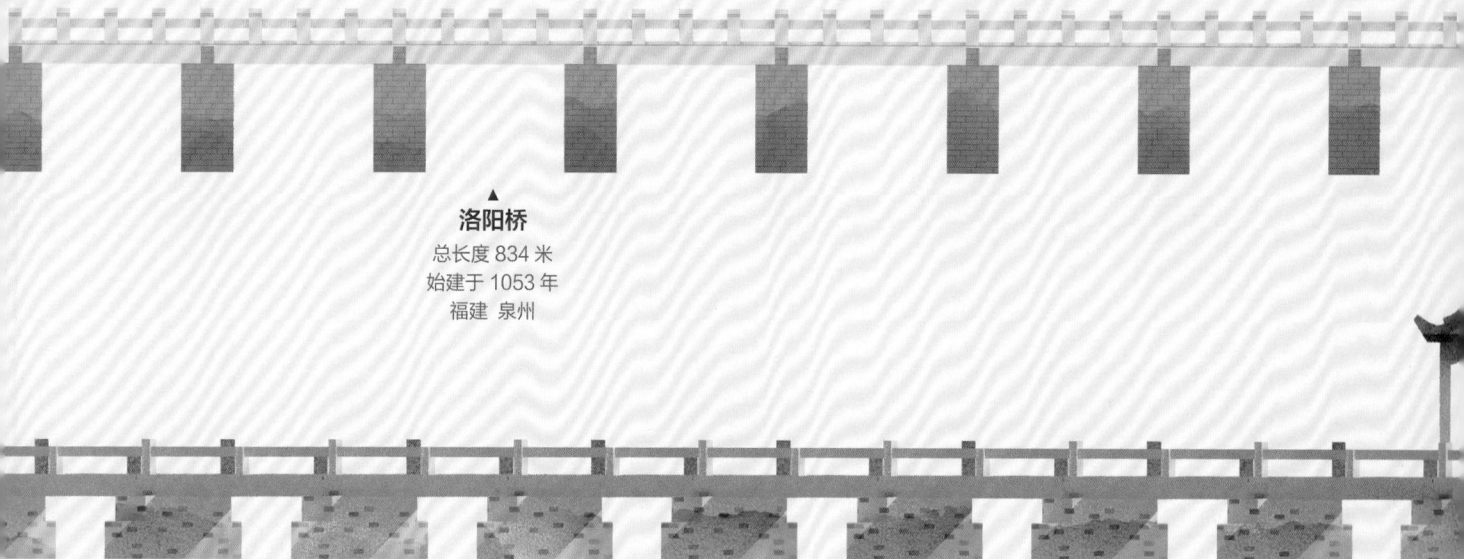

▲
广济桥
总长度 518 米
始建于 1171 年
广东 潮州

长江大桥

曾经的长江是难以逾越的天堑，武汉和南京的长江大桥虽然实现了长江大桥零的突破，但直到 20 世纪末，长江中下游宽阔江面上的桥梁数量也还是屈指可数。然而仅仅二十几年后，今天的长江却一跃成为全球超级桥梁最多、最密集的水道之一。本小节图鉴收录了长江中下游段（宜昌至上海）建成的全部长江大桥（图鉴收录了截至 2023 年 12 月建成通车的长江大桥，但不包含未完整跨越长江两岸的夹江大桥）。

武汉长江大桥
湖北 武汉
建成于 1957 年

南京长江大桥
江苏 南京
建成于 1968 年

枝城长江大桥
湖北 宜昌
建成于 1971 年

九江长江大桥
江西 九江 / 湖北 黄冈
建成于 1993 年

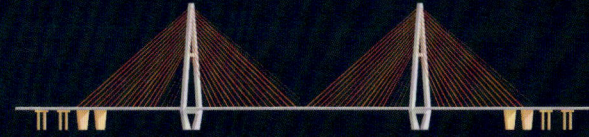

白沙洲长江大桥
湖北 武汉
建成于 2000 年

芜湖长江大桥
安徽 芜湖
建成于 2000 年

军山长江大桥
湖北 武汉
建成于 2001 年

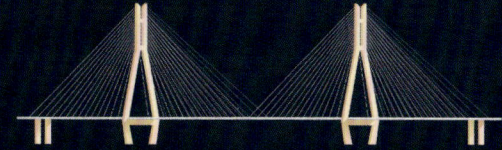

南京八卦洲长江大桥
江苏 南京
建成于 2001 年

夷陵长江大桥
湖北 宜昌
建成于 2001 年

润扬长江公路大桥
江苏 镇江、扬州
建成于 2005 年

阳逻长江大桥
湖北 武汉
建成于 2007 年

宜万铁路宜昌长江大桥
湖北 宜昌
建成于 2007 年

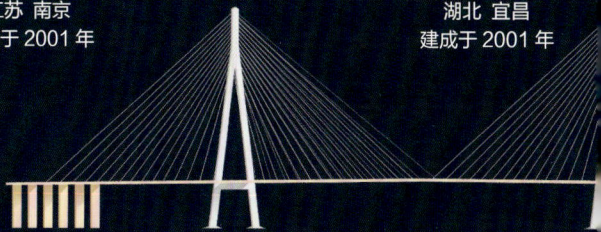

苏通长江公路大桥
江苏 苏州、南通
建成于 2008 年

崇启大桥
上海 / 江苏 南通
建成于 2011 年

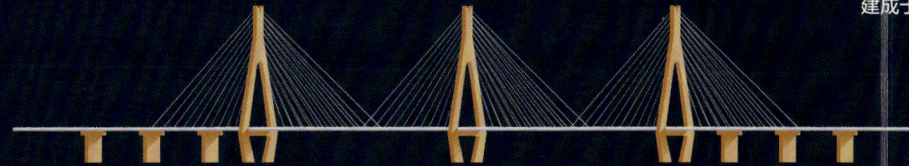

武汉二七长江大桥
湖北 武汉
建成于 2011 年

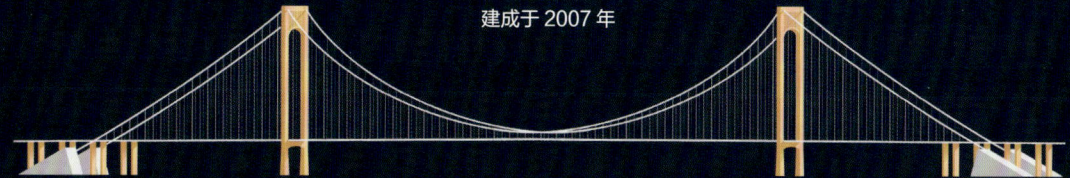

南京栖霞山长江公路大桥
江苏 南京
建成于 2012 年

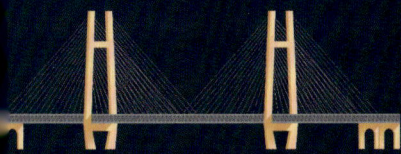

黄冈长江大桥
湖北 黄冈、鄂州
建成于 2014 年

鹦鹉洲长江大桥
湖北 武汉
建成于 2014 年

安庆长江铁路大桥
安徽 安庆、池州
建成于 2015 年

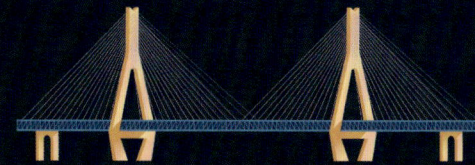

铜陵长江公铁大桥
安徽 铜陵
建成于 2015 年

望东长江大桥
安徽 安庆、池州
建成于 2016 年

嘉鱼长江公路大桥
湖北 荆州、咸宁
建成于 2019 年

荆州长江公铁大桥
湖北 荆州
建成于 2019 年

石首长江大桥
湖北 荆州
建成于 2019 年

杨泗港长江大桥
湖北 武汉
建成于 2019 年

赤壁长江大桥
湖北 荆州、咸宁
建成于 2021 年

棋盘洲长江大桥
湖北 黄冈、黄石
建成于 2021 年

青山长江大桥
湖北 武汉
建成于 2021 年

五峰山长江大桥
江苏 镇江
建成于 2021 年

近代桥梁

到了近代，随着钢材在建筑领域的广泛应用，桥梁的跨度相较于古代石桥取得了显著的提升。1909年，兰州的中山桥建成，成为黄河上第一座现代化的钢铁大桥。1937年，钱塘江大桥建成通车，更是具有里程碑式的意义。这座公路铁路两用桥是由中国人自行设计、建造的现代化大型桥梁。

◄ 赵州桥
跨径37米
约建于595年—605年
河北 石家庄

安平桥
总长度2255米，有"天下无桥长此桥"之说
始建于1138年
福建 泉州

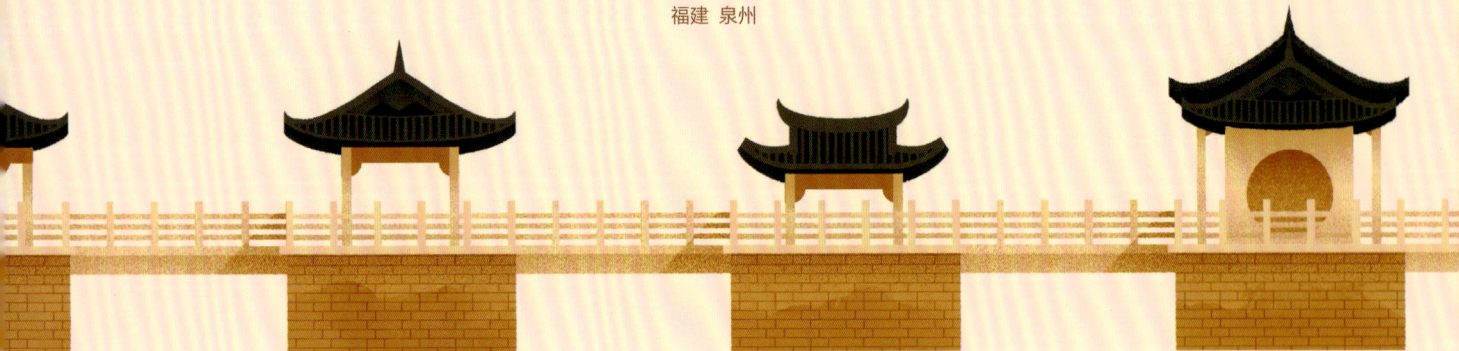

卢沟桥
总长度266.5米
始建于1189年
北京
▼

浙江路桥 ▲
主桥长度60米
改建于1906年
上海

外白渡桥
主桥长度104米
建成于1907年
上海

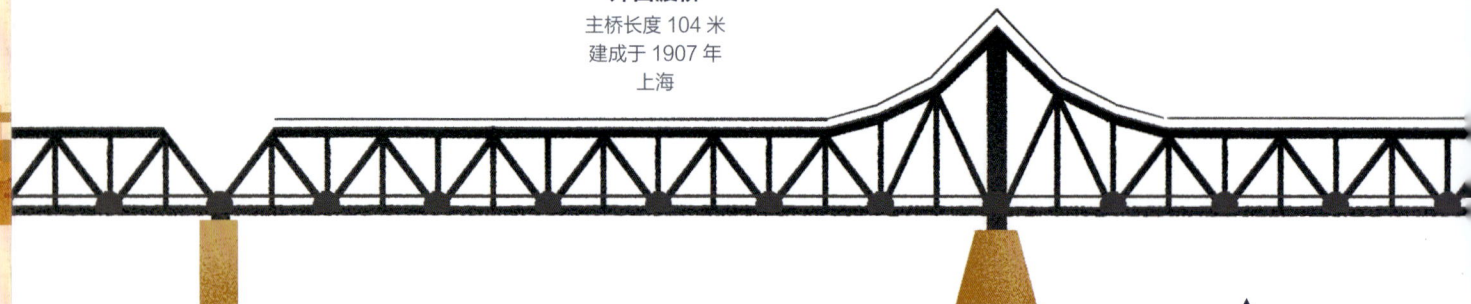

泺口黄河铁路大桥 ▲
主桥长度1255米
建成于1912年
山东 济南

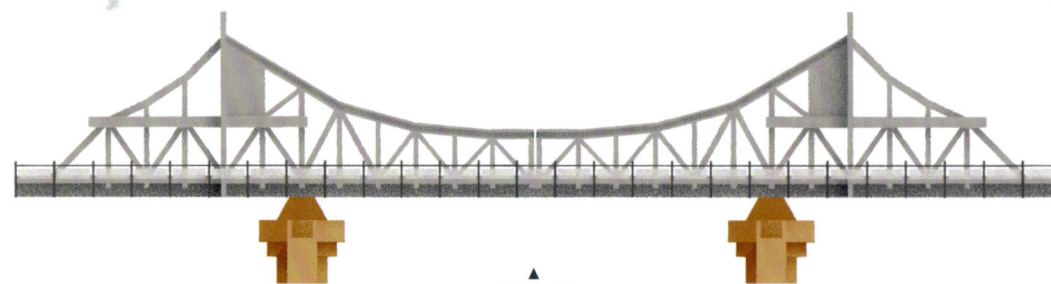

解放桥 ▲
主桥长度98米
建成于1927年
天津

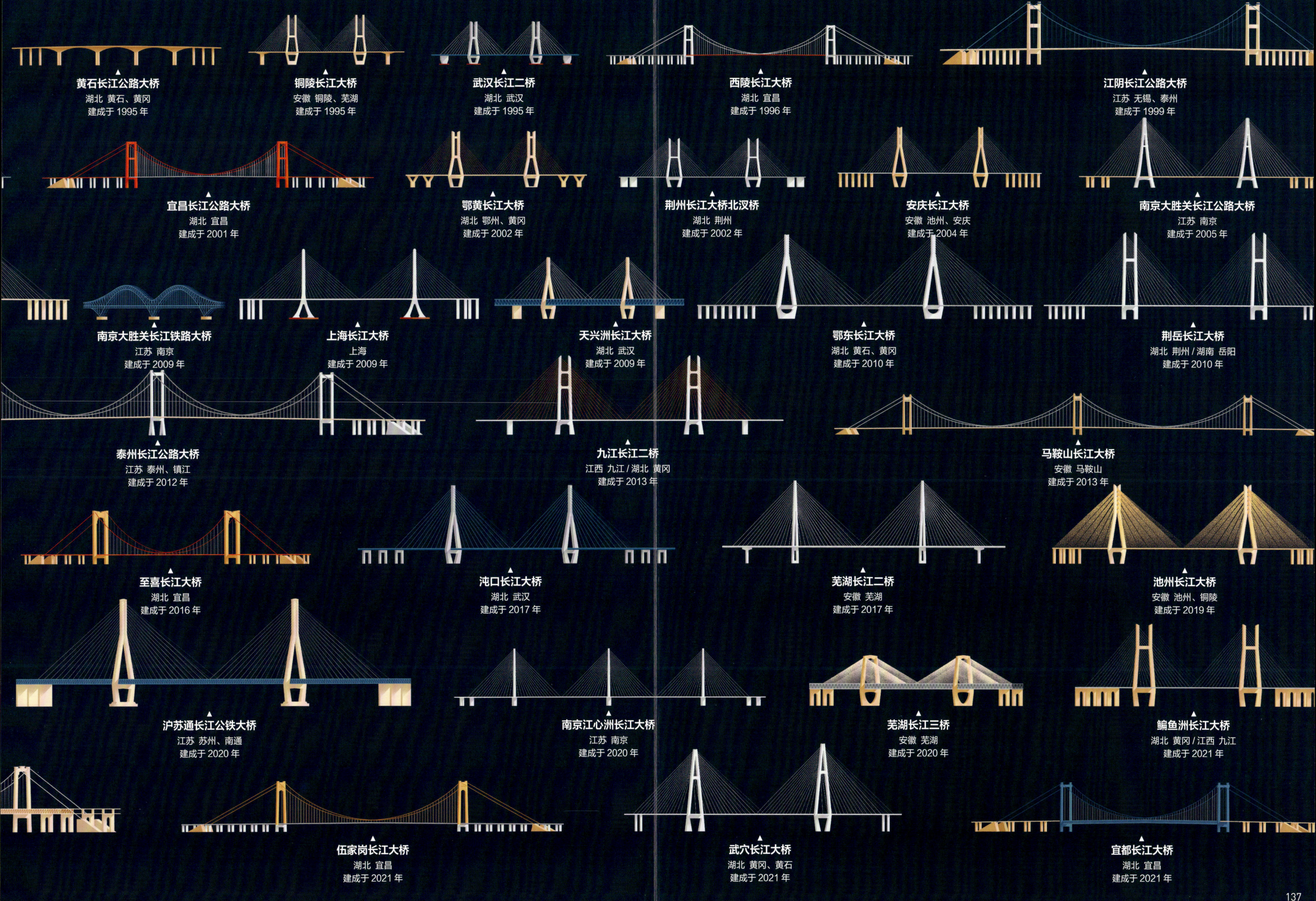

黄石长江公路大桥
湖北 黄石、黄冈
建成于 1995 年

铜陵长江大桥
安徽 铜陵、芜湖
建成于 1995 年

武汉长江二桥
湖北 武汉
建成于 1995 年

西陵长江大桥
湖北 宜昌
建成于 1996 年

江阴长江公路大桥
江苏 无锡、泰州
建成于 1999 年

宜昌长江公路大桥
湖北 宜昌
建成于 2001 年

鄂黄长江大桥
湖北 鄂州、黄冈
建成于 2002 年

荆州长江大桥北汊桥
湖北 荆州
建成于 2002 年

安庆长江大桥
安徽 池州、安庆
建成于 2004 年

南京大胜关长江公路大桥
江苏 南京
建成于 2005 年

南京大胜关长江铁路大桥
江苏 南京
建成于 2009 年

上海长江大桥
上海
建成于 2009 年

天兴洲长江大桥
湖北 武汉
建成于 2009 年

鄂东长江大桥
湖北 黄石、黄冈
建成于 2010 年

荆岳长江大桥
湖北 荆州 / 湖南 岳阳
建成于 2010 年

泰州长江公路大桥
江苏 泰州、镇江
建成于 2012 年

九江长江二桥
江西 九江 / 湖北 黄冈
建成于 2013 年

马鞍山长江大桥
安徽 马鞍山
建成于 2013 年

至喜长江大桥
湖北 宜昌
建成于 2016 年

沌口长江大桥
湖北 武汉
建成于 2017 年

芜湖长江二桥
安徽 芜湖
建成于 2017 年

池州长江大桥
安徽 池州、铜陵
建成于 2019 年

沪苏通长江公铁大桥
江苏 苏州、南通
建成于 2020 年

南京江心洲长江大桥
江苏 南京
建成于 2020 年

芜湖长江三桥
安徽 芜湖
建成于 2020 年

鳊鱼洲长江大桥
湖北 黄冈 / 江西 九江
建成于 2021 年

伍家岗长江大桥
湖北 宜昌
建成于 2021 年

武穴长江大桥
湖北 黄冈、黄石
建成于 2021 年

宜都长江大桥
湖北 宜昌
建成于 2021 年

跨海大桥

在中国建成的大量桥梁工程中，工程规模最大，最具挑战性的当属跨海大桥了。这些桥梁不仅规模宏大，结构复杂，而且由于其独特的地理位置和环境条件，使得其建设和维护工作都极具挑战性。跨海大桥的建设需要面对许多技术难题，例如海洋腐蚀、洋流冲击、台风、地震等自然灾害的威胁，以及海底复杂的地质条件等等。尽管面临诸多挑战，中国的跨海大桥建设仍然取得了令人瞩目的成就。例如，港珠澳大桥、杭州湾跨海大桥、胶州湾跨海大桥、东海大桥等，这些大桥不仅在规模和技术上领先于世界同类桥梁，而且为中国的经济和社会发展带来了巨大的推动力。

金汤桥 ▲
主桥长度 76 米
始建于 1906 年
天津

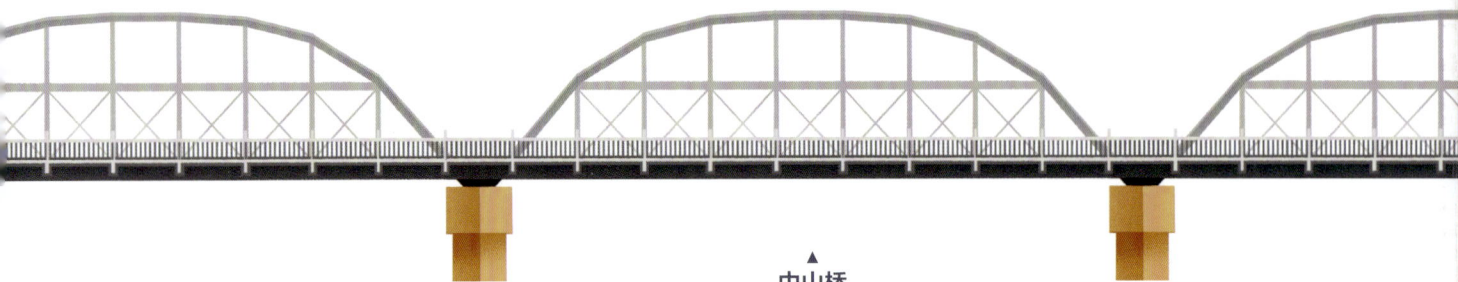

中山桥 ▲
主桥长度 234 米
建成于 1909 年
甘肃 兰州

海珠桥 ▲
主桥长度 182.9 米
建成于 1933 年
广东 广州

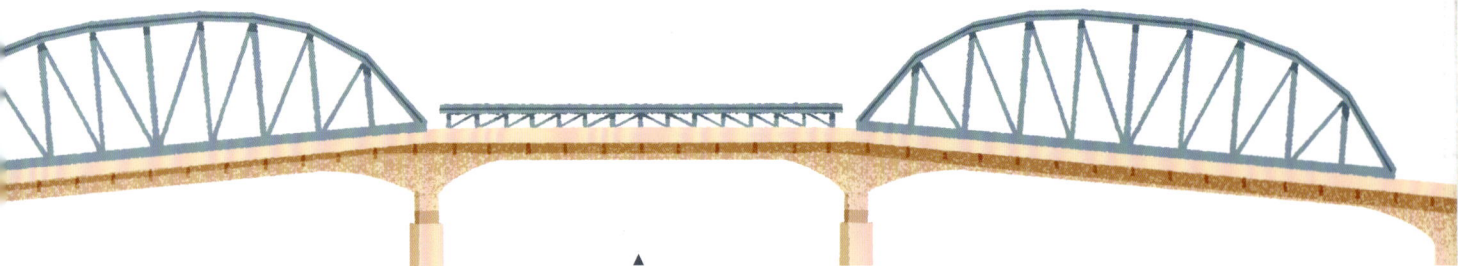

钱塘江大桥 ▲
主桥长度 1453 米
建成于 1937 年
浙江 杭州

舟山跨海大桥（金塘大桥段）▶
全长 48160 米
建成于 2009 年
浙江 舟山、宁波

东海大桥
全长 32500 米
建成于 2005 年
浙江 舟山 / 上海

杭州湾跨海大桥
全长 35700 米
建成于 2008 年
浙江 嘉兴、宁波

舟山跨海大桥（西堠门大桥段）
全长 48160 米
建成于 2009 年
浙江 舟山

胶州湾跨海大桥
全长 31630 米
建成于 2011 年
山东 青岛

嘉绍大桥▶
全长 10137 米
建成于 2013 年
浙江 嘉兴、绍兴

南澳大桥▶
全长 9341 米
建成于 2015 年
广东 汕头

▲
泉州湾大桥
全长 12454 米
建成于 2015 年
福建 泉州

▲
平潭海峡公铁大桥
全长 16323 米
建成于 2020 年
福建 福州

◀ **厦漳大桥**
全长 9333 米
建成于 2013 年
福建 厦门、漳州

▲
星海湾大桥
全长 6000 米
建成于 2015 年
辽宁 大连

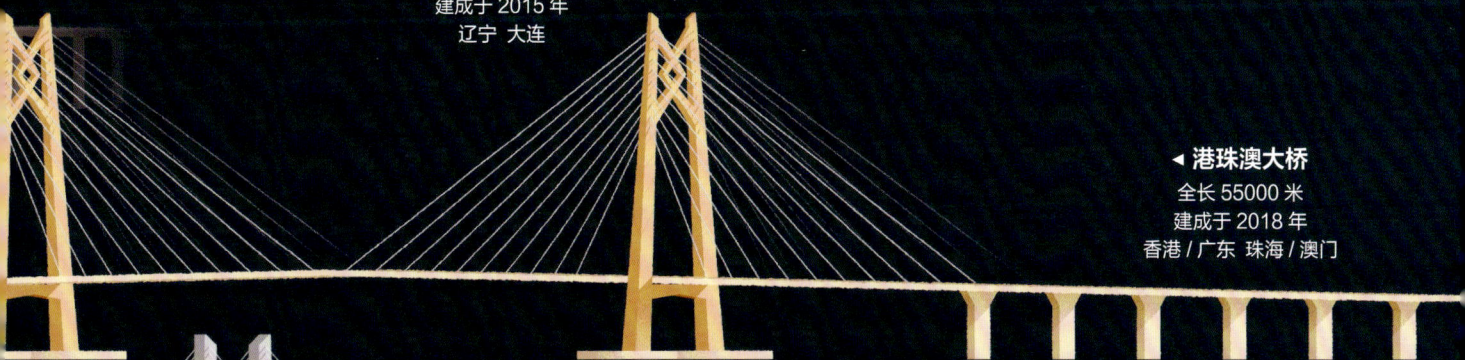

◀ **港珠澳大桥**
全长 55000 米
建成于 2018 年
香港 / 广东 珠海 / 澳门

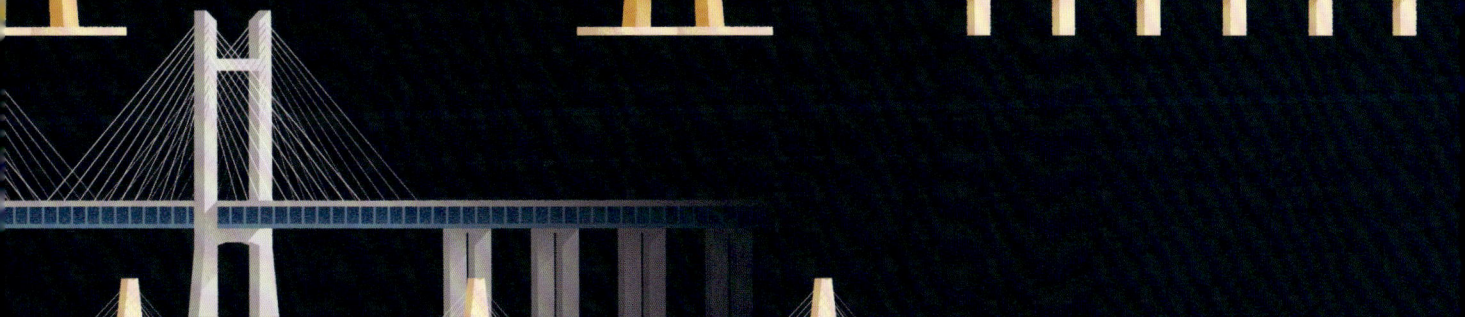

◀ **舟岱大桥**
全长 16347 米
建成于 2021 年
浙江 舟山

3
通达四方

全国机场和火车站里的超级建筑

寻找老车站

在不到 20 年的时间里，中国的高速铁路里程已独冠全球。然而，这个奇迹的起点却始于这些已经湮没在城市里的老火车站。这些老火车站，见证了中国铁路的百年沧桑和辉煌，也承载了中国近现代历史的变迁。它们在经历了岁月的洗礼后，仍然保持着独特的魅力和风格。在高铁时代的今天，一部分老车站经过改造后依然在一线服役，而那些退役的车站则成为城市里宝贵的文化遗产。本节图鉴收录了全国部分老火车站建筑。* 表示经过重建或部分重建的车站。

青岛站 *
山东 青岛
1900 年建成，2008 年重建

横道河子站
黑龙江 海林
建于 1901 年

双城堡站
黑龙江 哈尔滨
1928 年建成

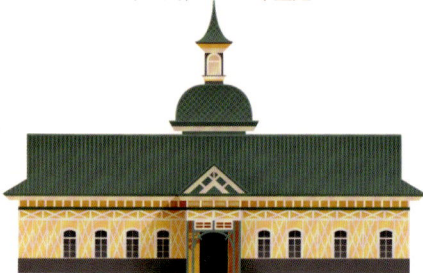

旅顺站
辽宁 大连
1903 年建成

哈尔滨站 *
黑龙江 哈尔滨
1903 年建成，2018 年按原风格重建

大港站
山东 青岛
约 1910 年建成

沈阳火车站
辽宁 沈阳
1910 年建成

渭南老火车站旧址
陕西 渭南
1933 年建成

阿尔山站
内蒙古 阿尔山
1937 年建成

内蒙古 阿尔山

塘沽南站
天津
1888 年建成

香坊站
黑龙江 哈尔滨
1898 年建成

昂昂溪站
黑龙江 齐齐哈尔
1903 年建成

大智门火车站旧址
湖北 武汉
1917 年改建

京奉铁路正阳门东车站 *
北京
1906 年建成，20 世纪 70 年代部分重建

周水子火车站
辽宁 大连
1907 年建成

嘉兴站 *
浙江 嘉兴
1909 年建成，2021 年重建

吉林西站
吉林 吉林
1928 年建成

辽宁总站旧址
辽宁 沈阳
1930 年建成

大连火车站
辽宁 大连
1937 年建成

义县火车站
辽宁 锦州
1937 年建成

超级铁路车站

随着中国高速铁路的飞速发展，大型铁路车站建筑成为城市的重要地标和交通枢纽。这些铁路车站比起传统火车站拥有更大体量的建筑规模，以应对高速铁路带来的超大规模的客流。车站建筑不仅在功能上满足了现代化交通的需求，还试图通过独特的建筑设计和文化元素展现中国的历史和文化底蕴。本节图鉴收录了截至 2023 年建成的拥有 11 个月台以上的铁路车站建筑。

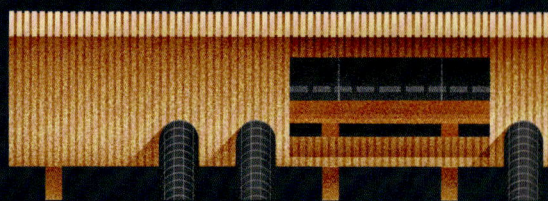

深圳北站
11 台 -20 线
建成于 2011 年

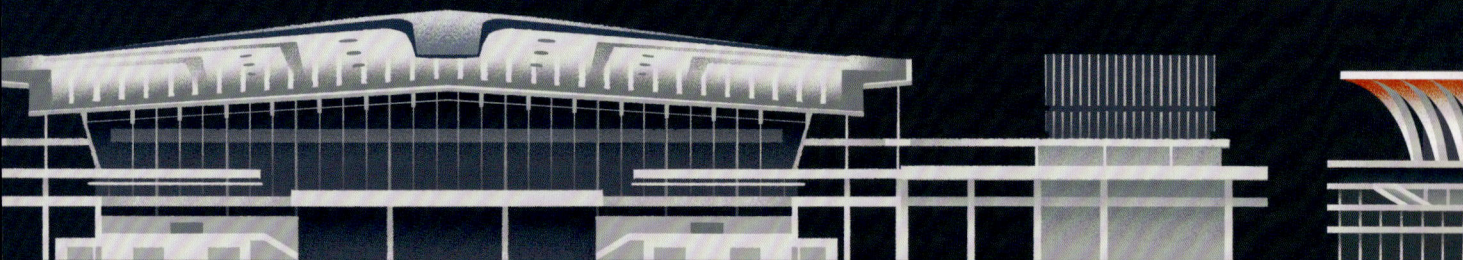

杭州西站
11 台 -20 线
建成于 2022 年

沈阳南站
12 台 -26 线
建成于 2015 年

南昌西站
12 台 -26 线
建成于 2013 年

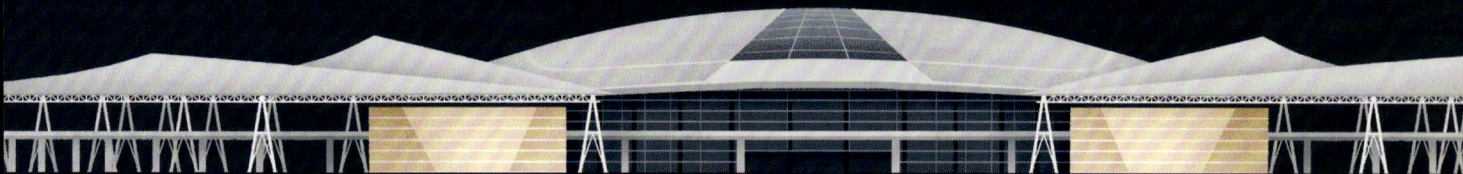

北京南站
13 台 -24 线
始建于 1897 年
现站房于 2008 年投入使用

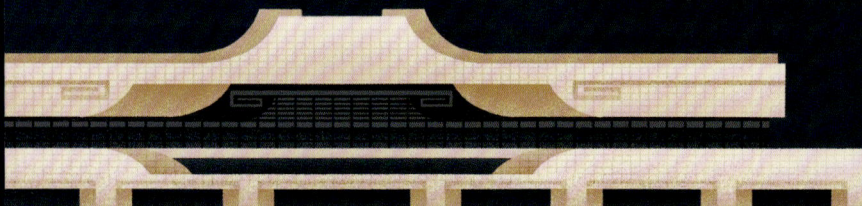

兰州西站

济南东站

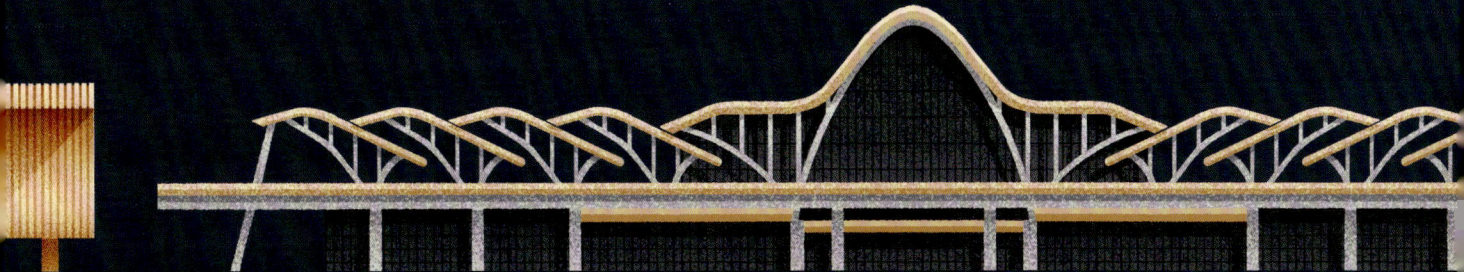

武汉站
11 台 -20 线
建成于 2009 年

广州白云站
11 台 -24 线
建成于 2023 年

合肥南站
12 台 -26 线
建成于 2014 年

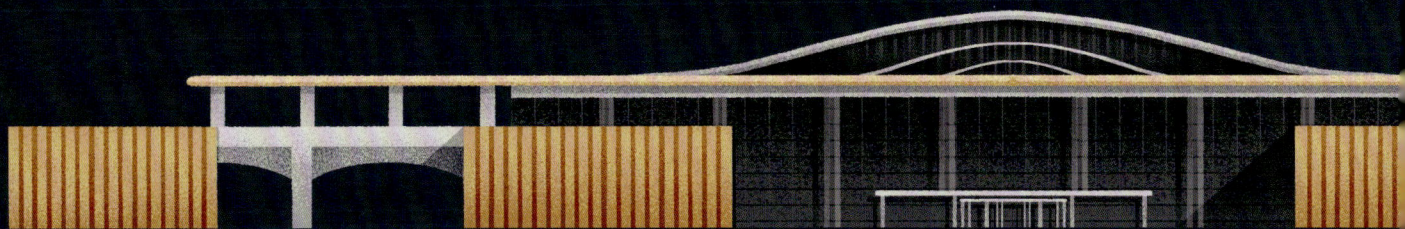

雄安站
13 台 -23 线
建成于 2020 年

天津西站
13 台 -26 线
始建于 1908 年
现站房于 2011 年投入使用

长沙南站
13 台 -28 线
建成于 2009 年

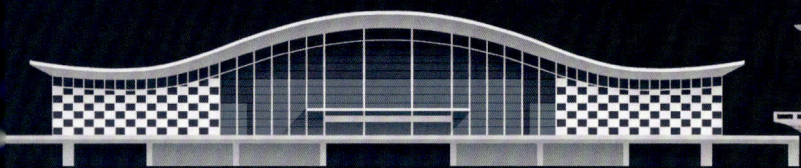

徐州东站
13 台 -28 线
建成于 2011 年

南宁东站
13 台 -30 线
建成于 2014 年

重庆北站
14 台 -29 线
建成于 2006 年

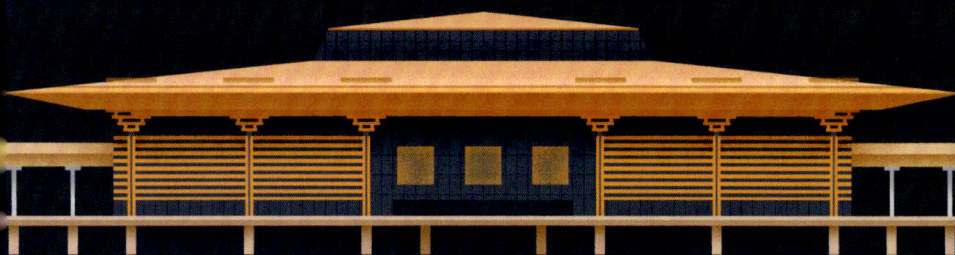

南京南站
15 台 -28 线
建成于 2011 年

杭州东站
15 台 -30 线
始建于 1992 年
现站房于 2013 年投入使用

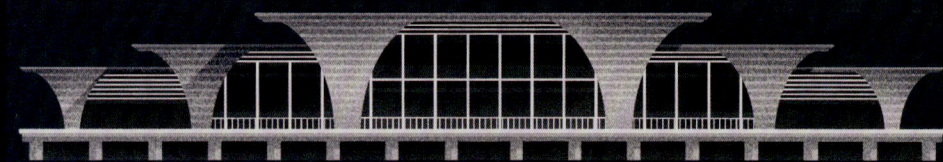

贵阳北站
15 台 -32 线
建成于 2014 年

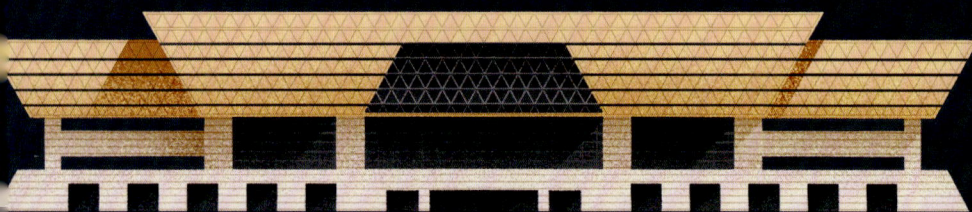

郑州东站
16 台 -32 线
建成于 2012 年

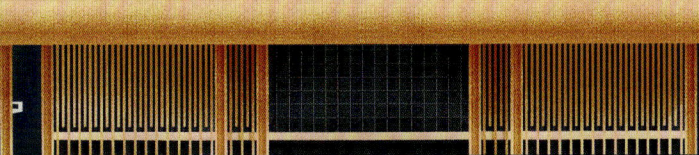
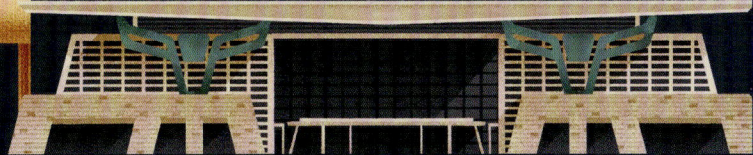

▲
石家庄站
13 台 -30 线
建成于 2012 年

▲
成都东站
14 台 -26 线
建成于 2011 年

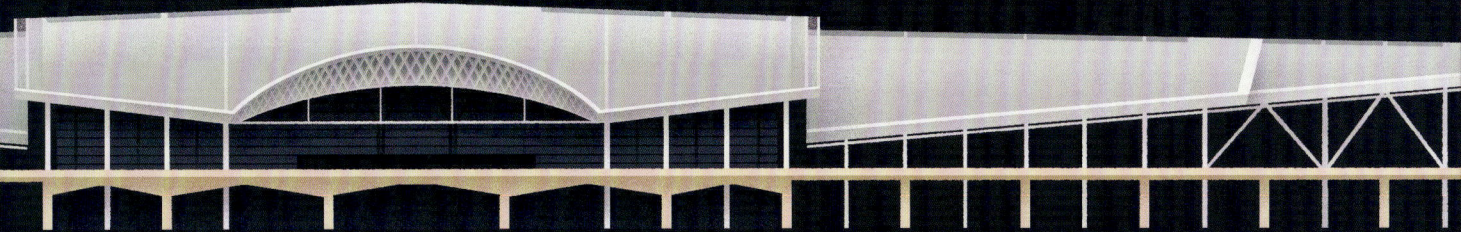

▲
广州南站
15 台 -28 线
建成于 2010 年

▲
重庆西站
15 台 -31 线
建成于 2017 年

▲
昆明南站
16 台 -30 线
建成于 2016 年

▲
上海虹桥站
16 台 -30 线
建成于 2010 年

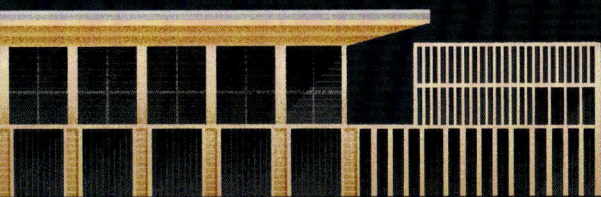

▲
北京丰台站

▲
西安北站

首都机场进化史

北京首都国际机场，作为中国当今规模最大的超级机场之一，自 1958 年投入使用以来，见证了中国航空业的崛起与发展。这座超级机场的初始规模远非今日所见，首都机场的第一座航站楼是位于 T1 航站楼南边的 T0 航站楼，这座航站楼从 1958 年到 1979 年一直是首都机场唯一的航站楼。

20 世纪 80 年代之后，国内航空业迅猛发展，机场的设施逐渐无法满足日益增长的需求。自 1980 年起，首都机场经历了数次大规模的扩建，航站楼面积从最初的 1 万平方米一跃达到了目前的 141 万平方米，其中仅 2008 年建成的 T3 航站楼的建筑面积就达到惊人的 98.6 万平方米。这座超级机场的发展历程不仅是中国航空业发展的缩影，更是近 40 年来中国经济社会发展的生动写照。

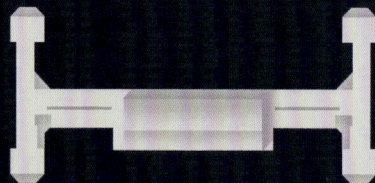

▲ T0 航站楼　　　　　　　　▲ T1 航站楼

▲ T2 航站楼

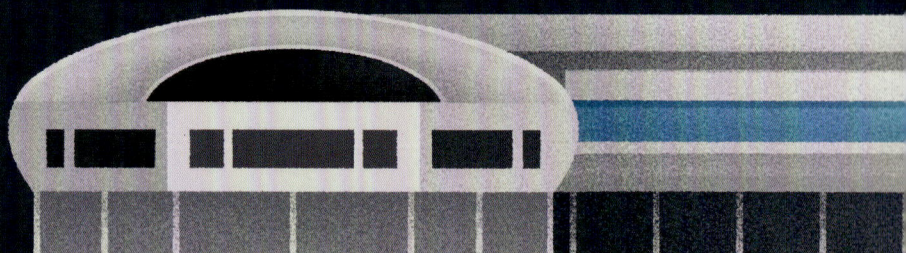

▲ **T0 航站楼**

建成于 1958 年

1958 年，首都机场航站楼投入使用。这座只有 1 万平方米的航站楼自服役起的 22 年里，一直是首都机场唯一的航站楼，直至 1980 年才因 T1 航站楼的启用而退居二线。由于它是 T1 航站楼的前身，因此也常被人们亲切地称为 T0 航站楼。

▶ **T2 航站楼**

建成于 1999 年

1999 年，首都机场 T2 航站楼投入运营。人们本以为这座建筑面积高达 33.6 万平方米的航站楼可以大大缓解首都机场与日俱增的客流压力，但是仅仅几年后 T2 航站楼也开始超负荷运转，首都机场即将迎来又一次的扩建工程。

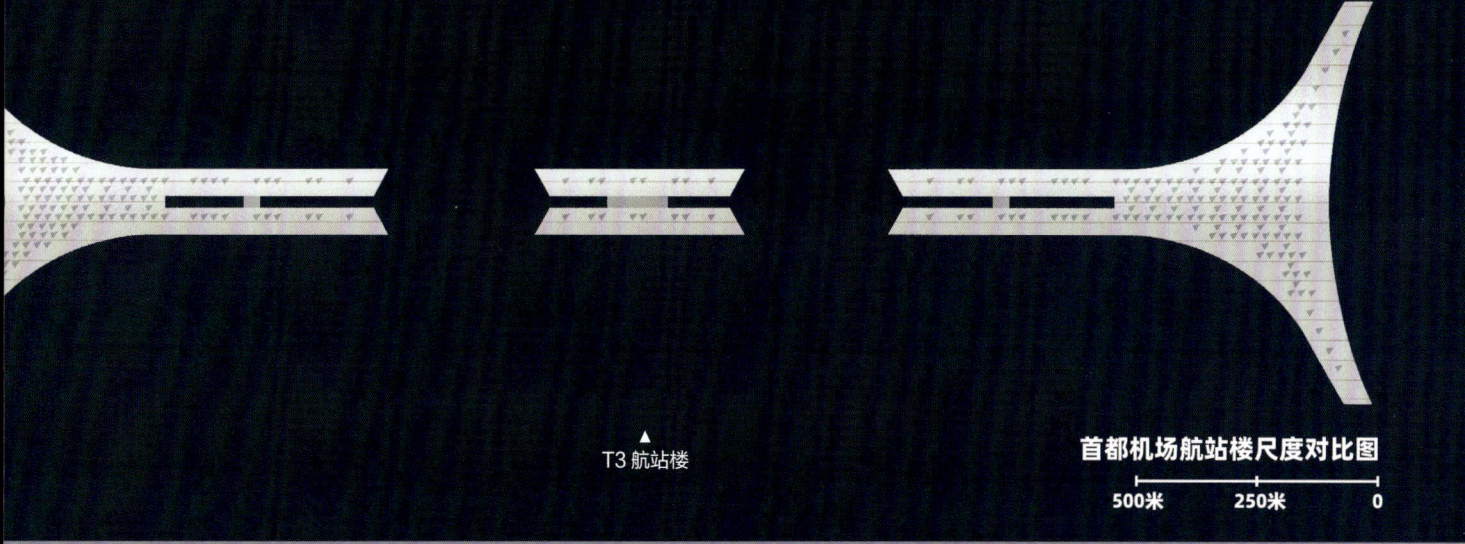

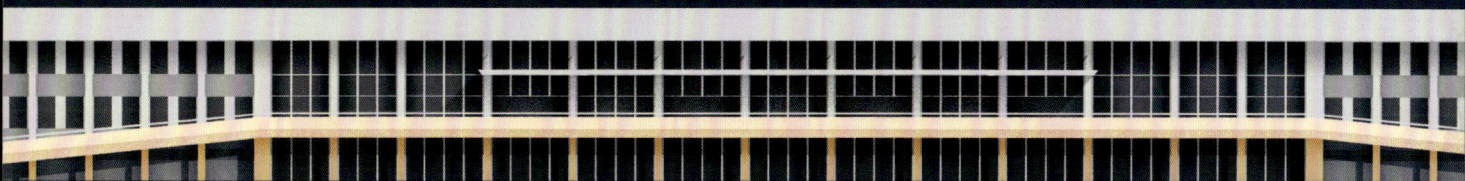

▲ T3 航站楼

首都机场航站楼尺度对比图

500米   250米   0

▲ T1 航站楼
建成于 1980 年

1980 年投入运营的 T1 航站楼接替了 T0 航站楼，成为当时首都机场唯一的航站楼，也是当时全国最先进的机场航站楼。T1 航站楼竣工时的建筑面积是 5.8 万平方米，后经扩建改造达到 7.8 万平方米左右。

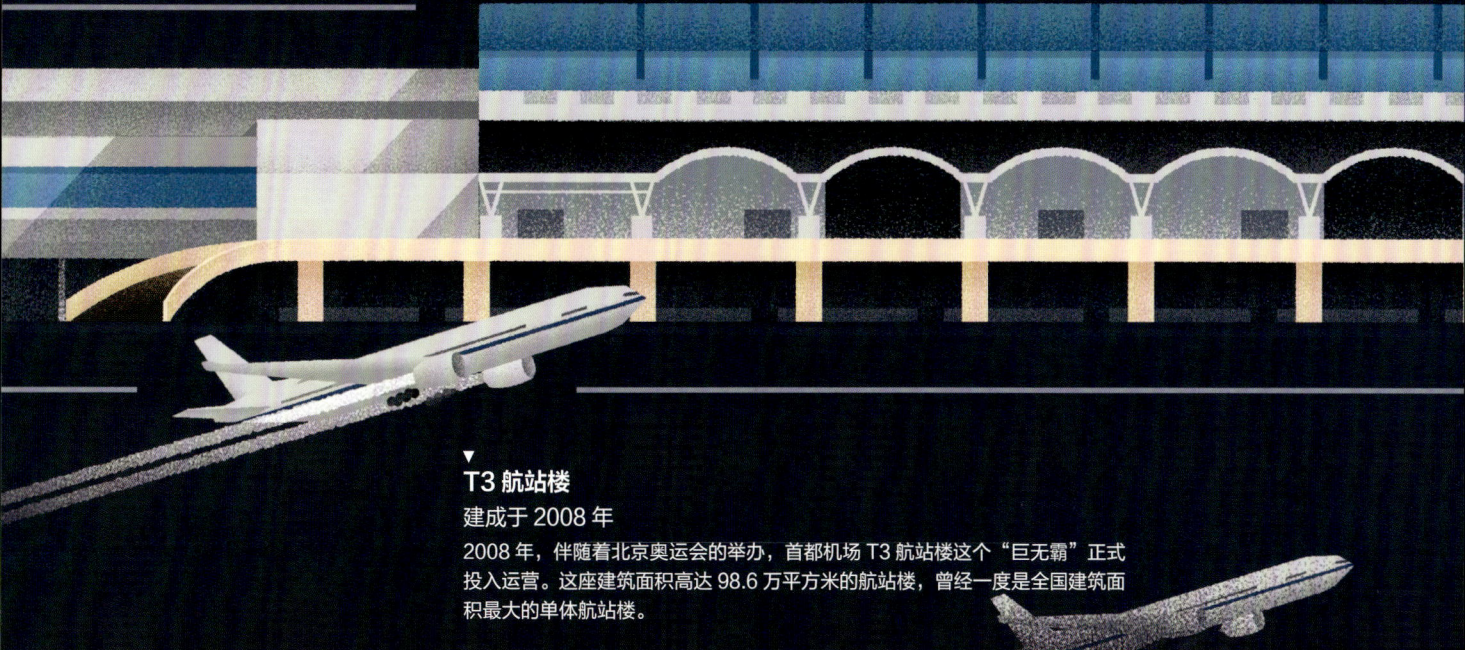

▼ T3 航站楼
建成于 2008 年

2008 年，伴随着北京奥运会的举办，首都机场 T3 航站楼这个"巨无霸"正式投入运营。这座建筑面积高达 98.6 万平方米的航站楼，曾经一度是全国建筑面积最大的单体航站楼。

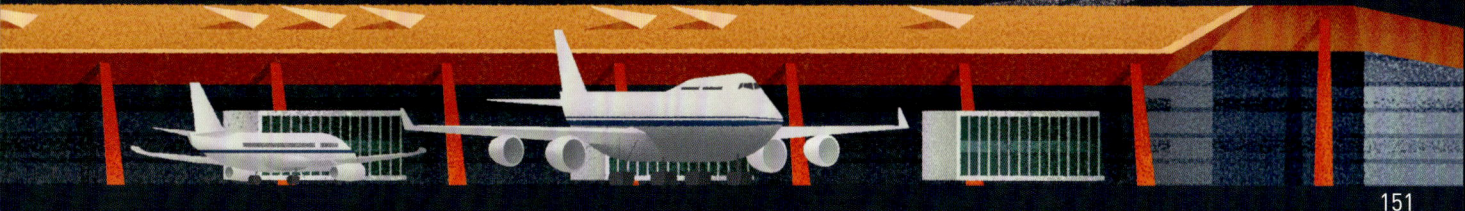

151

全国超级机场航站楼图鉴

本小节图鉴收录了全国部分已建成的 4F 级别机场的航站楼建筑。

0 — 250米

南京禄口国际机场
NKG
44 万平方米

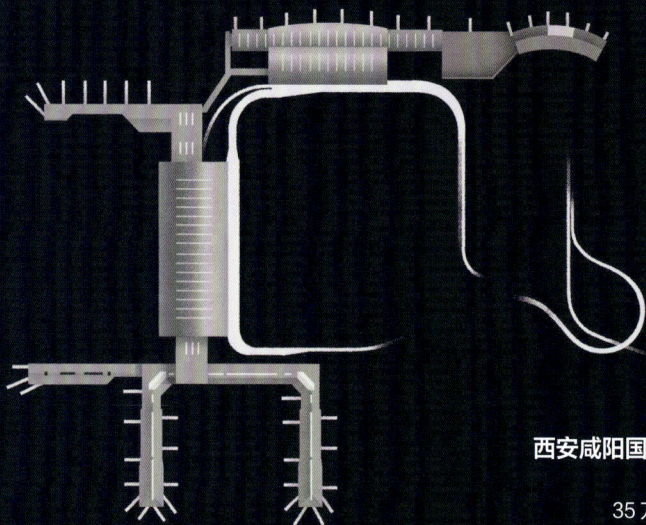

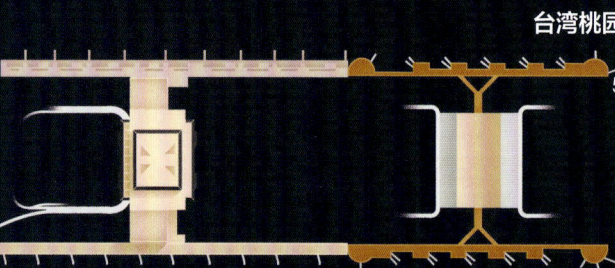

西安咸阳国际机场
XIY
35 万平方米

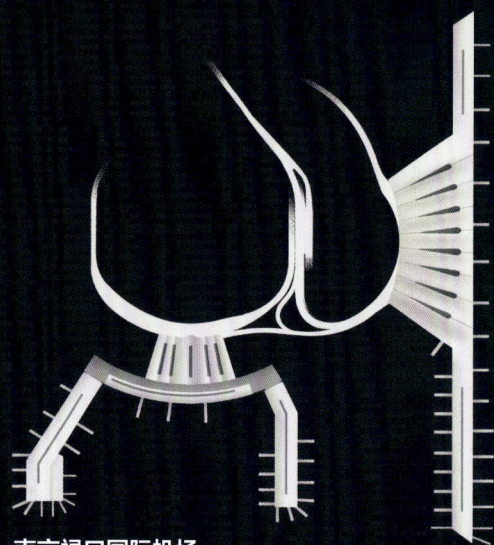

台湾桃园国际机场
TPE
54 万平方米

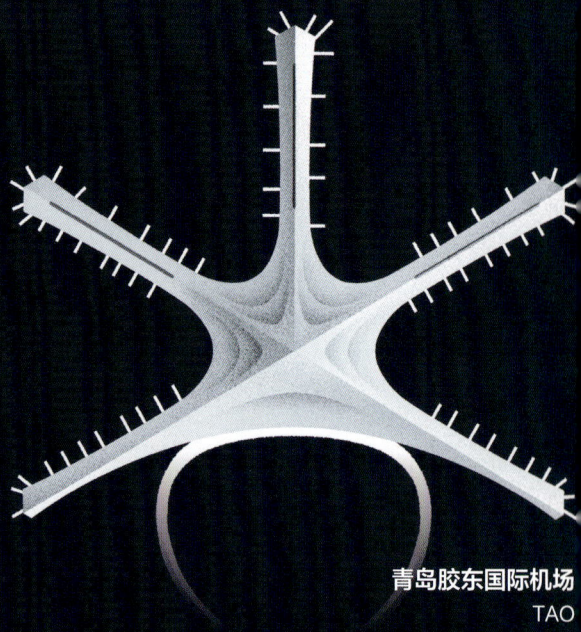

青岛胶东国际机场
TAO
54 万平方米

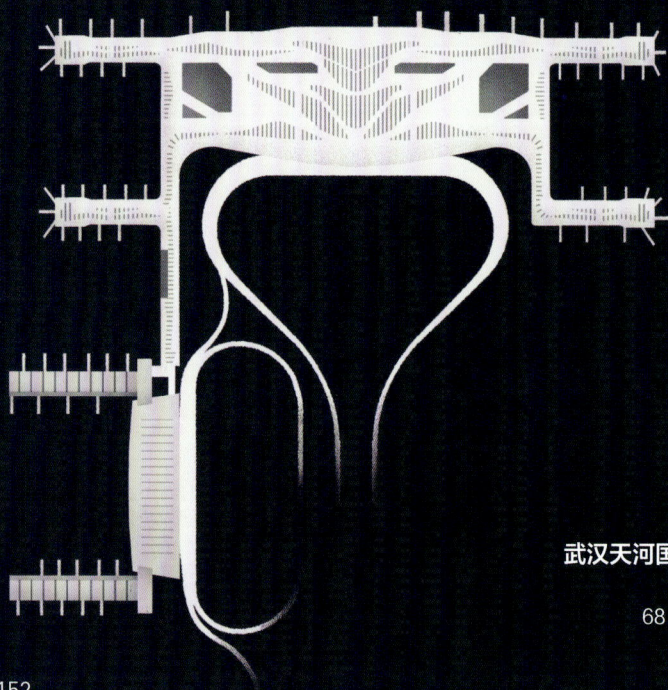

武汉天河国际机场
WUH
68 万平方米

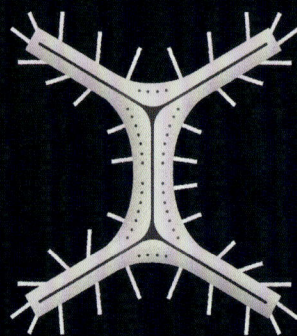

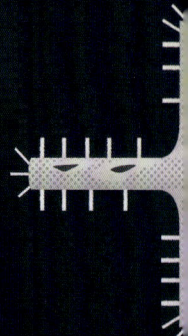

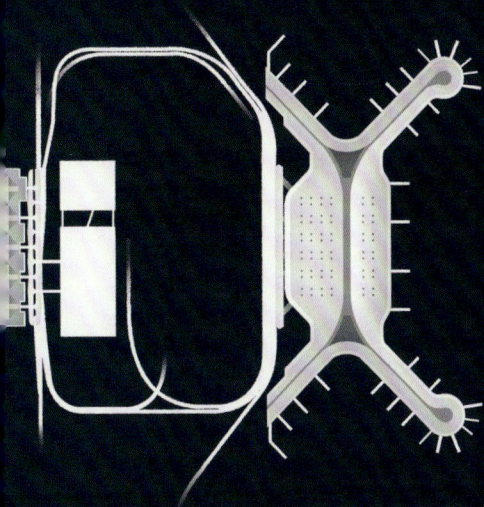

海口美兰国际机场
HAK
45 万平方米

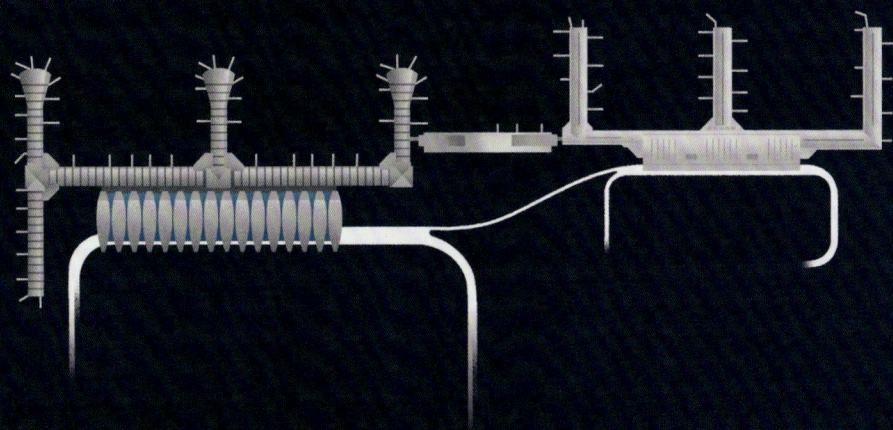

成都双流国际机场
CTU
50 万平方米

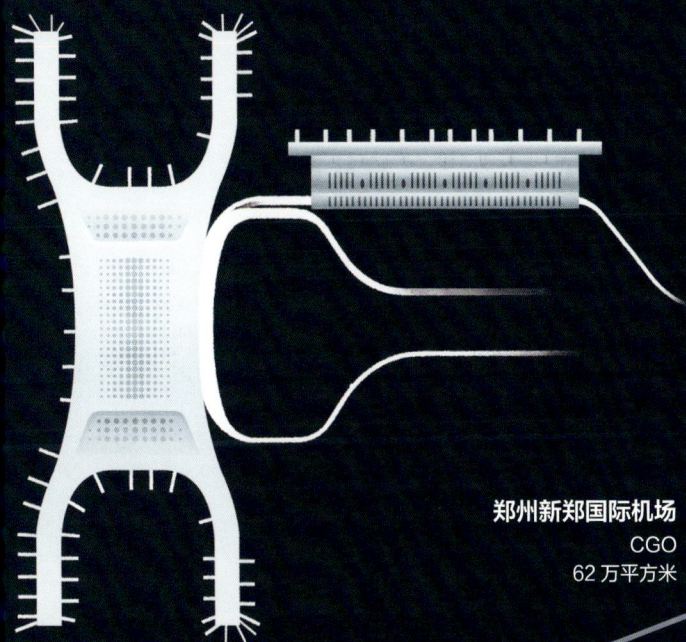

郑州新郑国际机场
CGO
62 万平方米

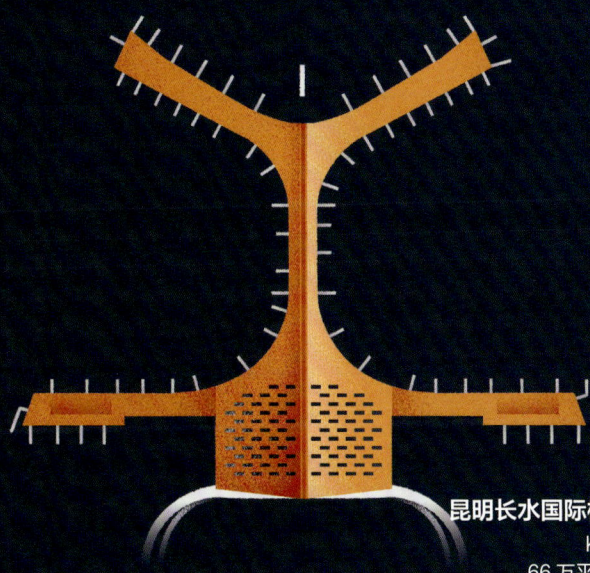

昆明长水国际机场
KMG
66 万平方米

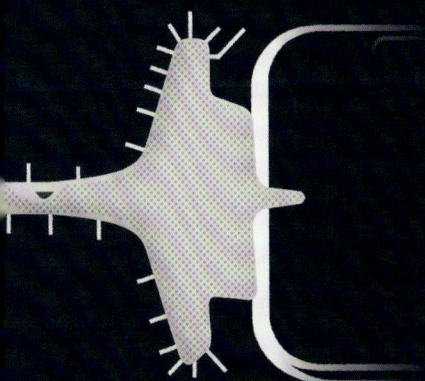

深圳宝安国际机场
SZX
69 万平方米

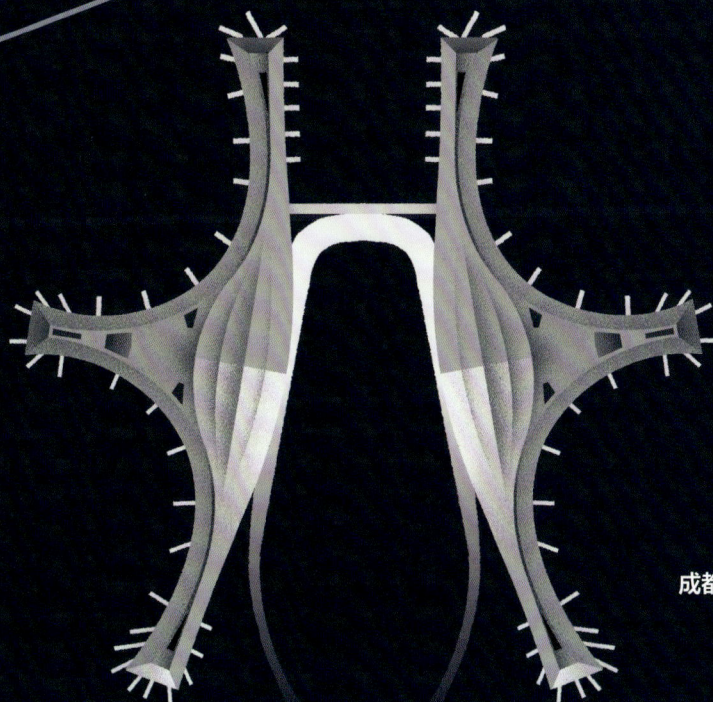

成都天府国际机场
TFU
72 万平方米

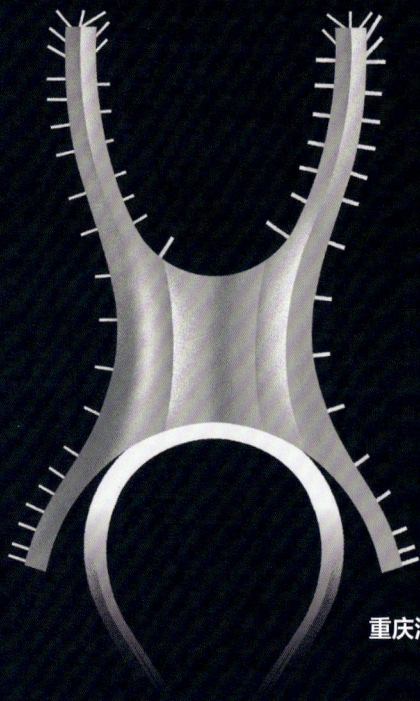

重庆江北国际机场
CKG
74 万平方米

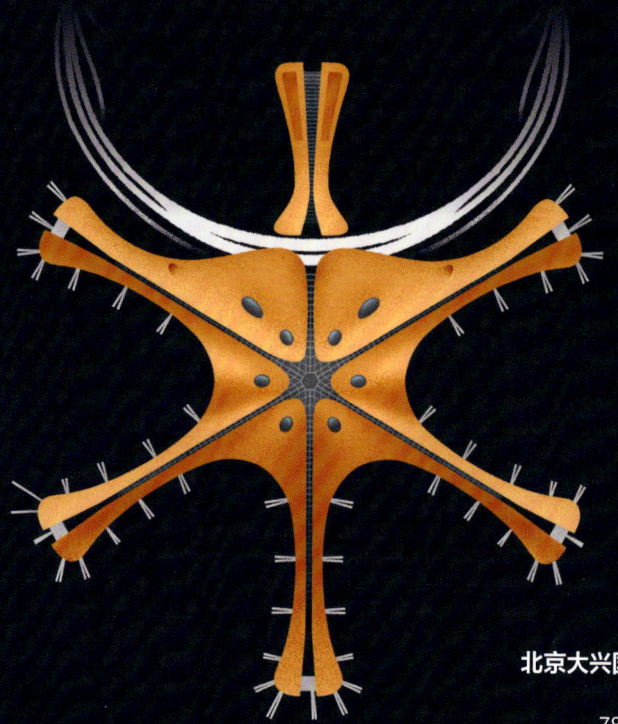

北京大兴国际机场
PK
78 万平方

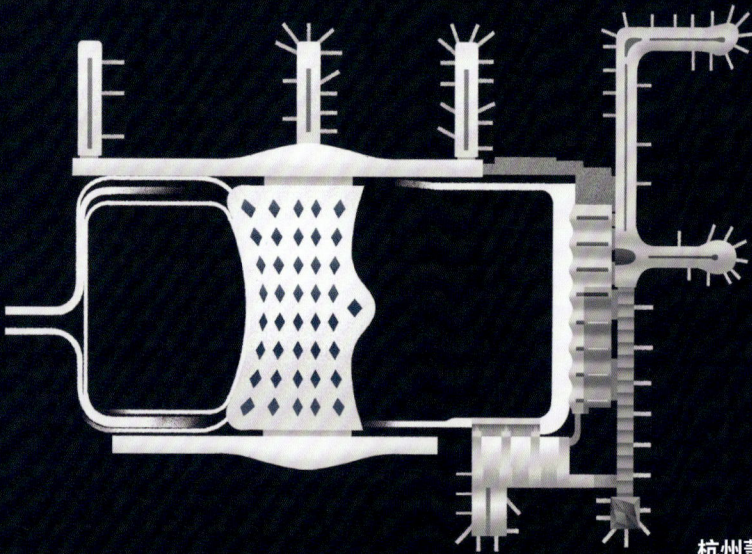

杭州萧山国际机场
HGH
110 万平方米

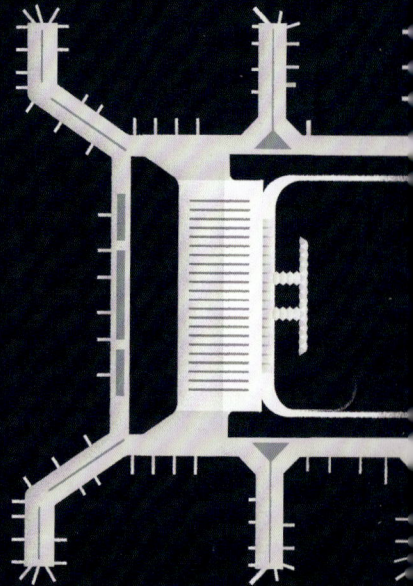

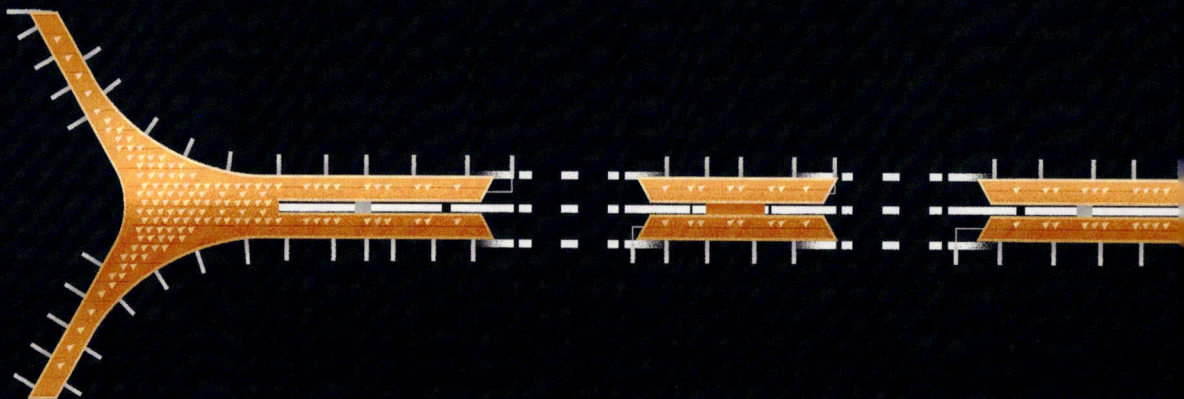

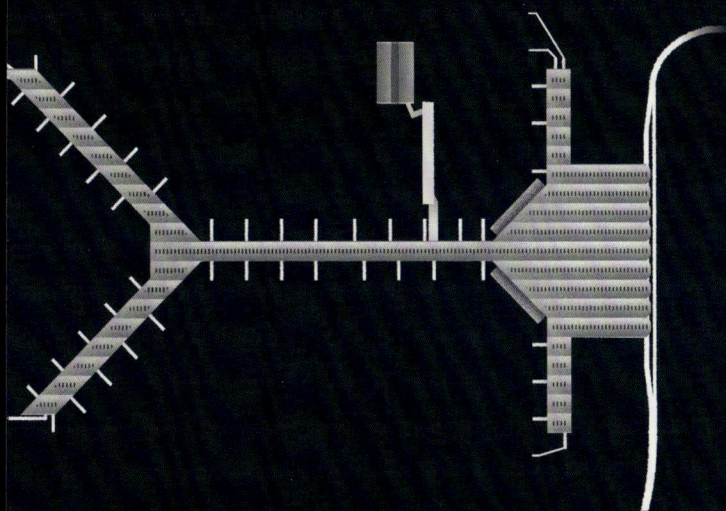

香港国际机场
HKG
85 万平方米

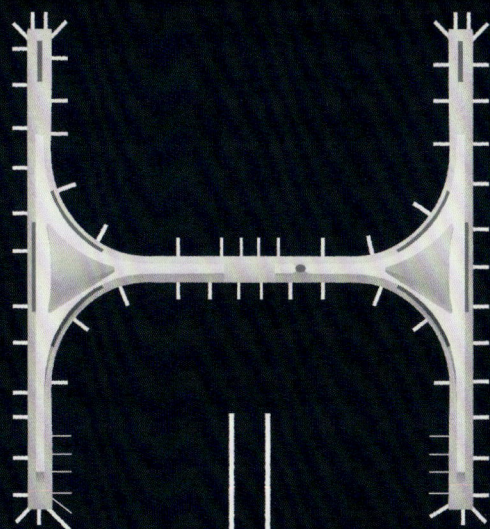

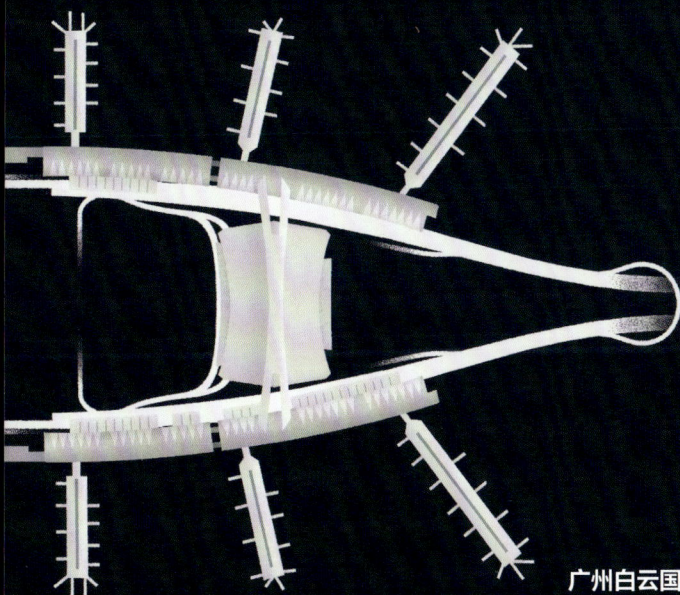

广州白云国际机场
CAN
156 万平方米

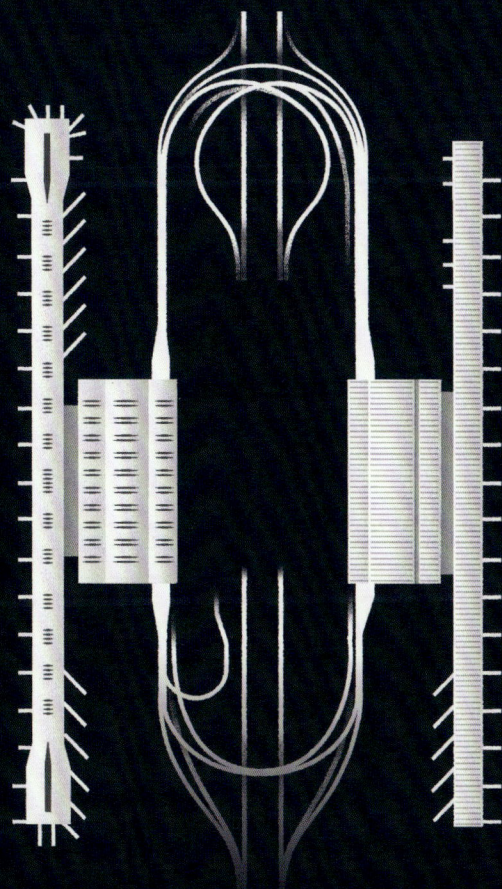

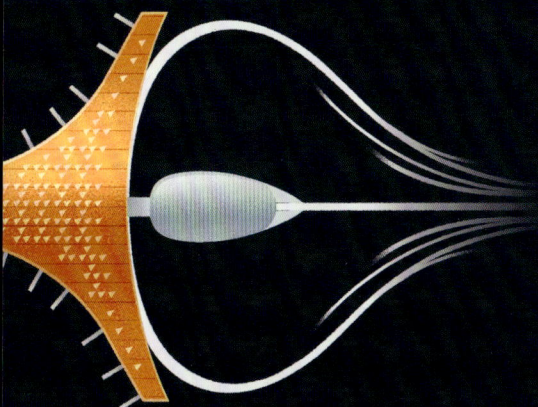

北京首都国际机场
PEK
T3 航站楼 98.6 万平方米

上海浦东国际机场
PVG
146 万平方米

4

体育强国

一

从无到有，从弱到强，
盘点全国的体育场建筑。

寻找老体育场

　　20 世纪初，随着西方现代体育运动的影响逐渐深入中国，中国早期的现代体育场馆开始崭露头角。这些体育场馆结构相对简单，主要由场地和看台组成，但它们已经具备了现代体育建筑的基本特征。在当时的历史背景下，中国正面临着由传统社会向现代社会的转型，体育锻炼被视为强身健体、振兴民族的重要手段。这些体育场馆的建设，为中国体育事业的发展奠定了基础。

▲
中央体育场旧址
江苏 南京
建成于 1931 年

▲
先农坛体育场
北京
始建于 1936 年

汉卿体育场
辽宁 沈阳
建成于 1929 年
▼

▲
江湾体育中心
上海
建成于 1935 年

大田湾体育场
重庆
建成于 1956 年
▼

中国综合体育场巡礼

本节图鉴收录了全国已建成的部分大型体育场建筑，其中包括可以容纳 91000 人的国家体育场。标注的年份均为建成年份。

重庆奥体中心体育场
重庆
2004 年

大连体育中心体育场
辽宁 大连
2011 年

广东奥体中心体育场
广东 广州
2001 年

广西体育中心体育场
广西 南宁
2010 年

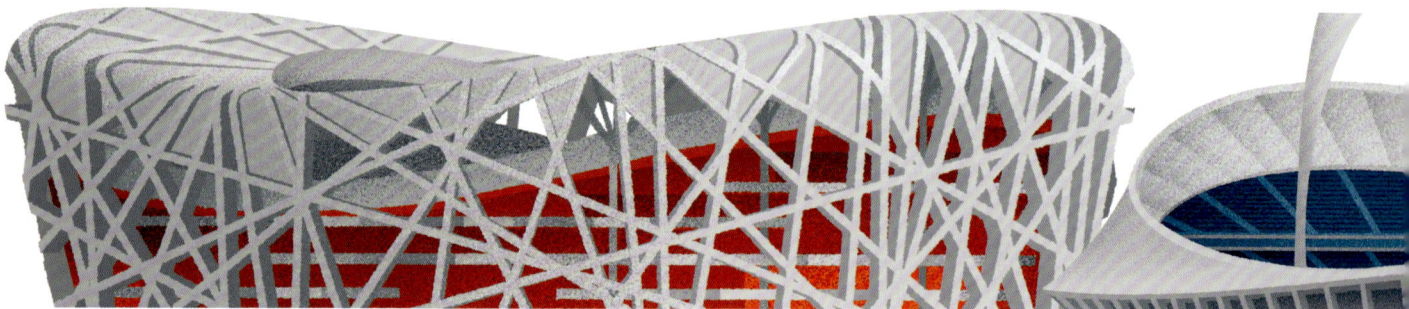

国家体育场
北京
2008 年

海口五源河体育场
海南 海口
2018 年

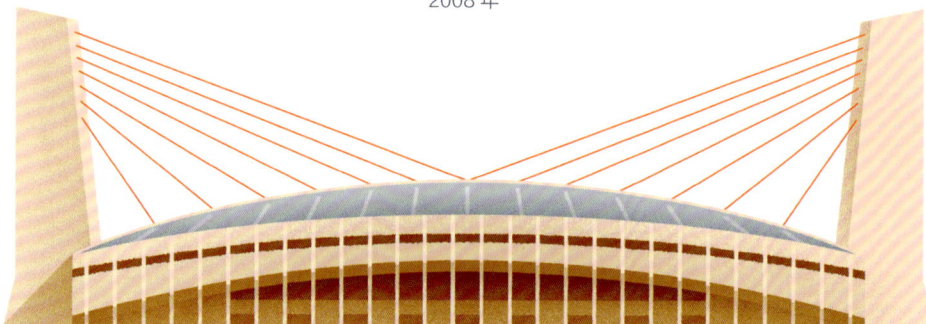

杭州黄龙体育中心体育场
浙江 杭州
2000 年

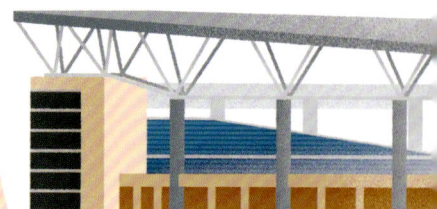

合肥体育中心体育场
安徽 合肥
2006 年

鄂尔多斯体育中心体育场
内蒙古 鄂尔多斯
2015 年

福州海峡奥体中心体育场
福建 福州
2014 年

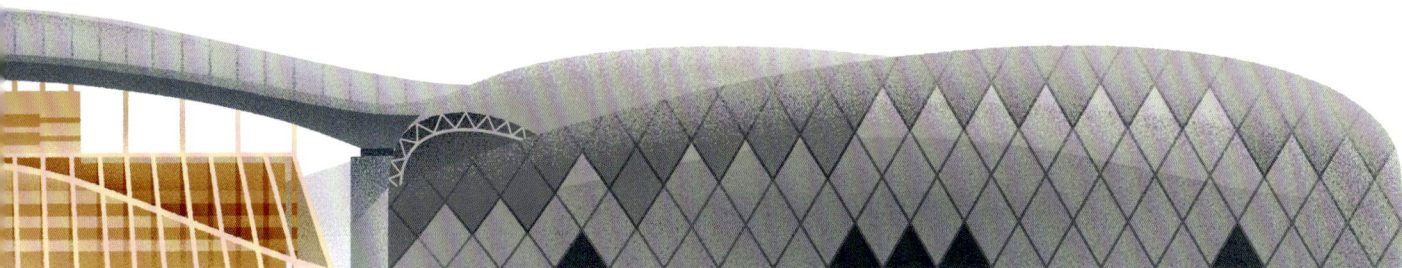

贵阳奥体中心体育场
贵州 贵阳
2011 年

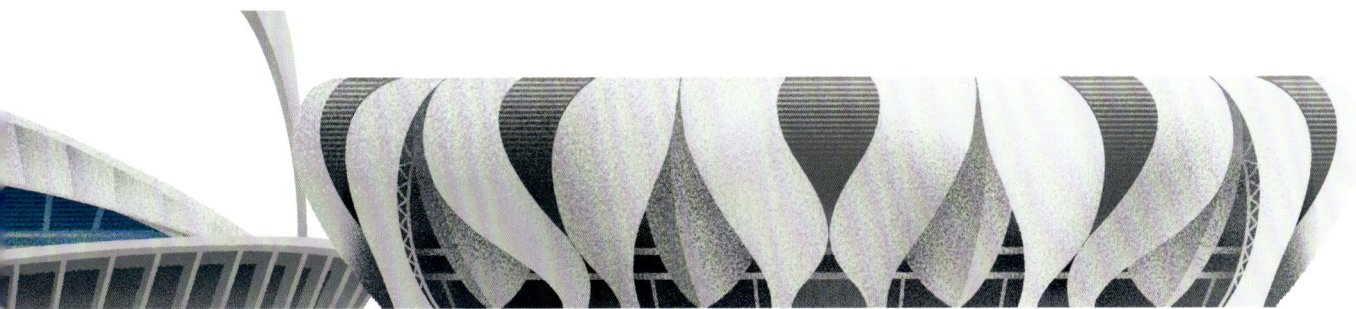

杭州奥体中心体育场
浙江 杭州
2019 年

河北奥体中心体育场
河北 石家庄
2017 年

贺龙体育中心
湖南 长沙
1952 年

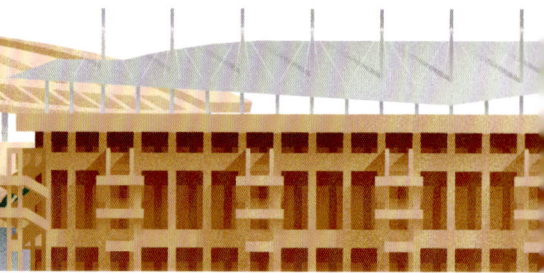

呼和浩特体育场
内蒙古 呼和浩特
2007 年

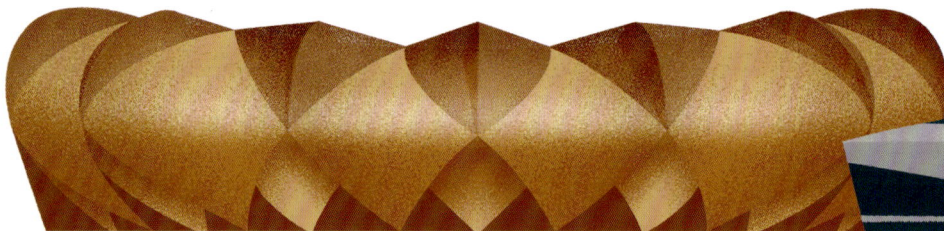

兰州奥体中心体育场
甘肃 兰州
2022 年

洛阳奥体中心体育场
河南 洛阳
2023 年

南京奥体中心体育场
江苏 南京
2005 年

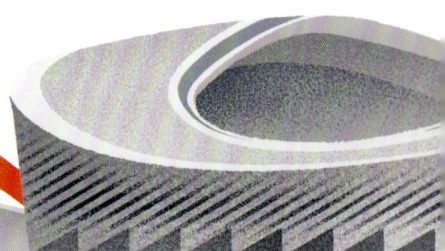

青岛市民健身中心体育场
山东 青岛
2018 年

沈阳奥体中心体育场
辽宁 沈阳
2007 年

天河体育中心体育场
广东 广州
1987 年

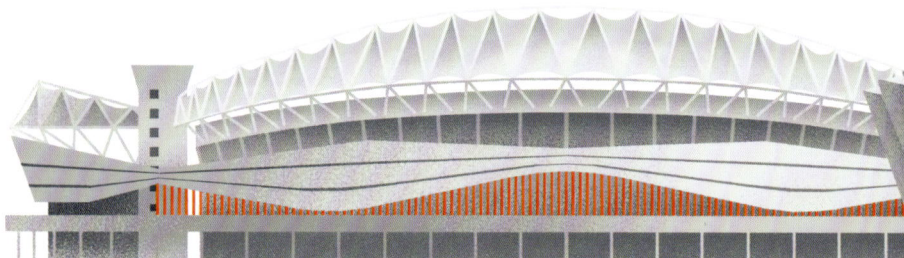

武汉体育中心体育场
湖北 武汉
2002 年

西安奥体中心体育场
陕西 西安
2020 年

济南奥体中心体育场
山东 济南
2009 年

洛阳体育中心体育场
河南 洛阳
2011 年

深圳大运中心体育场
广东 深圳
2011 年

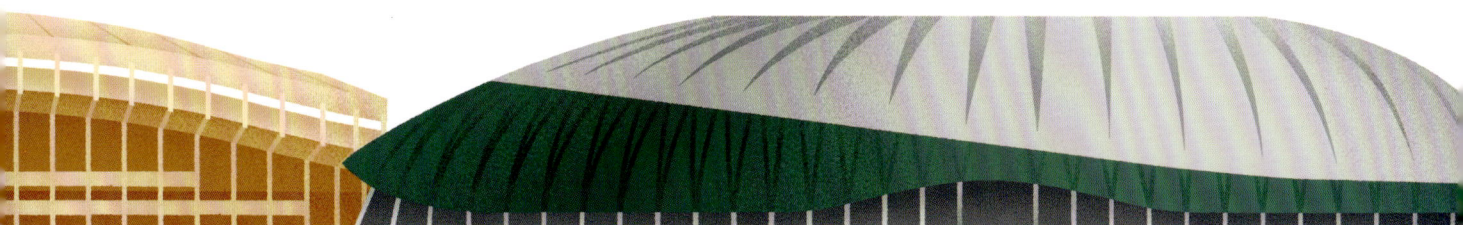
天津奥体中心体育场
天津
2007 年

郑州奥体中心体育场
河南 郑州
2019 年

标准足球场

不同于体育场可以兼顾田径赛事，标准足球场是专门用于举办足球赛事的场馆，由于取消了球场外围的田径跑道，大大缩短了观众和球场的距离，提升了观赛体验。足球，在中国拥有广泛的群众基础。本小节图鉴收录了 10 座已经建成的专业足球场馆建筑。

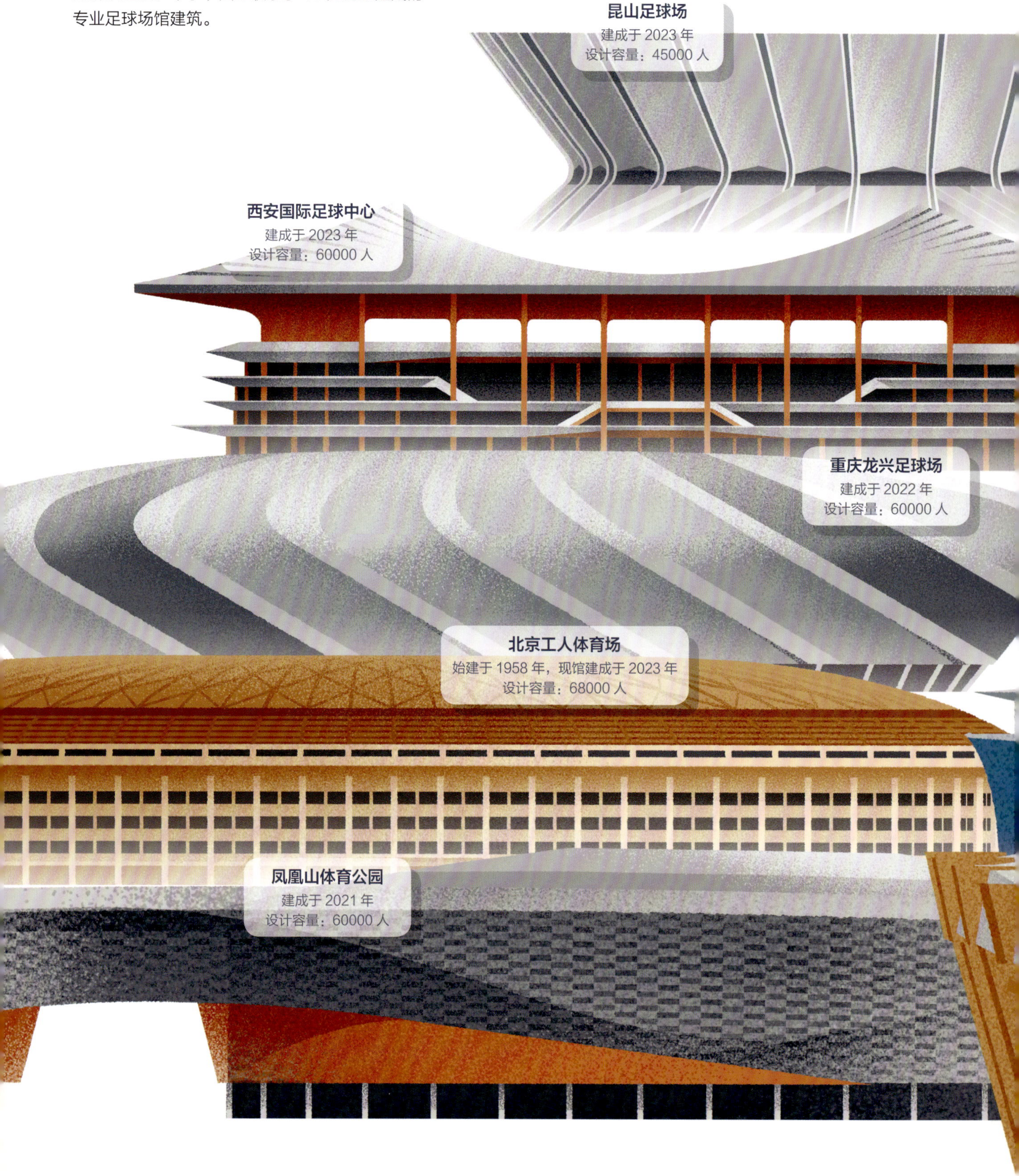

昆山足球场
建成于 2023 年
设计容量：45000 人

西安国际足球中心
建成于 2023 年
设计容量：60000 人

重庆龙兴足球场
建成于 2022 年
设计容量：60000 人

北京工人体育场
始建于 1958 年，现馆建成于 2023 年
设计容量：68000 人

凤凰山体育公园
建成于 2021 年
设计容量：60000 人

上海浦东足球场
建成于 2021 年
设计容量：37000 人

青岛青春足球场
建成于 2023 年
设计容量：50000 人

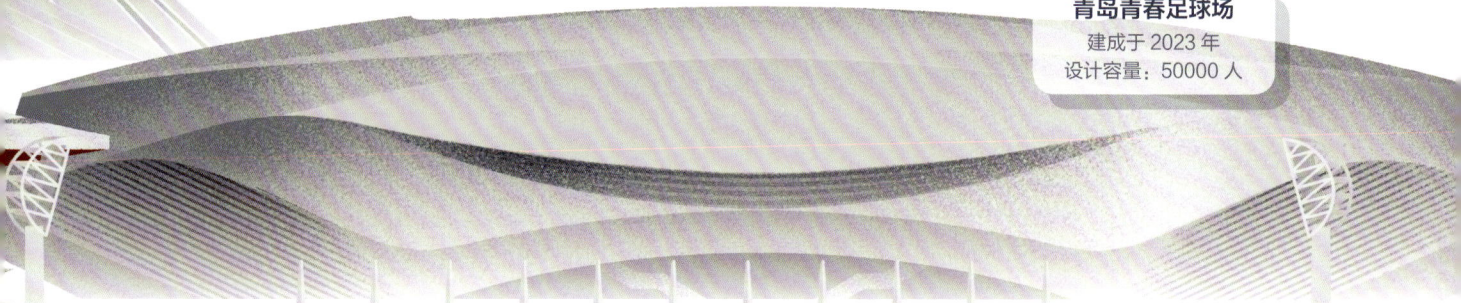

天津泰达足球场
建成于 2004 年
设计容量：37000 人

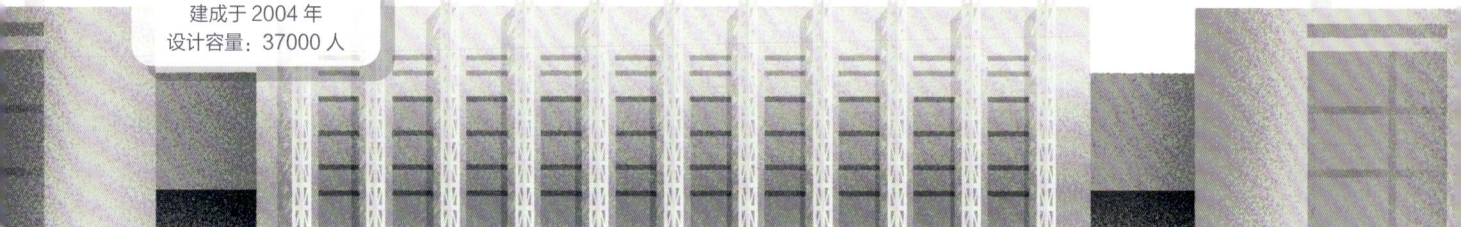

大连梭鱼湾足球场
建成于 2023 年
设计容量：63000 人

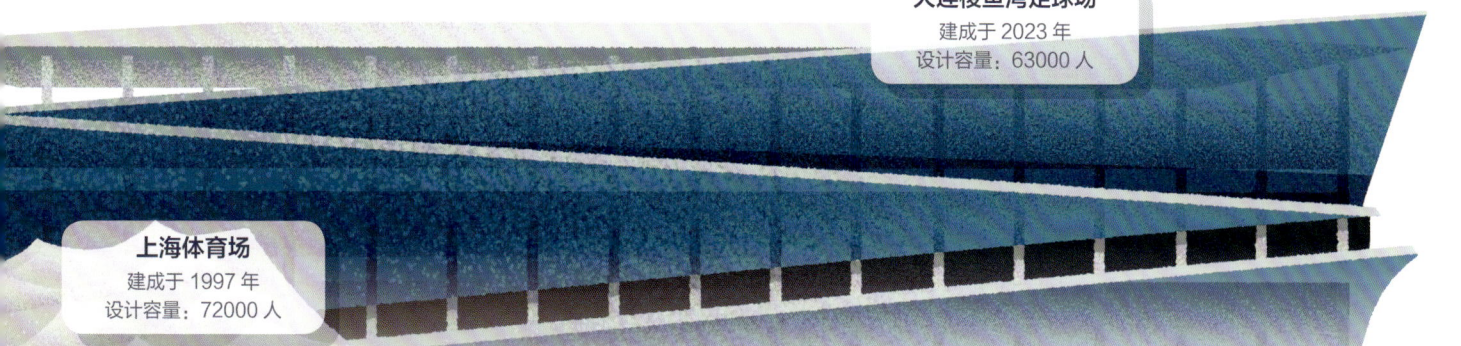

上海体育场
建成于 1997 年
设计容量：72000 人

5
公众的城市

一
一座现代化的城市一定是属于公众的城市。
在这里，
人们可以享受各种文化和娱乐活动，
追求自己的梦想和目标。
城市不仅是一个经济繁荣的地方，
更是一个充满活力和文化多样性的社区。

全国剧院建筑图鉴

中国第一座西式剧院通常被认为是 1860 年建成的位于澳门的岗顶剧院,随着 20 世纪中西方文化的进一步交融,戏剧逐渐进入了中国百姓的生活。21 世纪之后,随着文化生活水平的提高,体量更大、设计更新的剧院建筑相继在全国各地落成。作为集演出、艺术教育、文化交流等多种功能于一体的城市文化综合体,它们是当代中国城市文化的核心代表,不仅为观众提供了丰富多彩的艺术享受,还成为推广和传承中华文化的重要平台。无论是传统戏曲、话剧,还是现代音乐会、歌剧、舞剧等各类演出,都能在这里得到展现。

岗顶剧院
澳门
1860 年

兰心大戏院
上海
1931 年

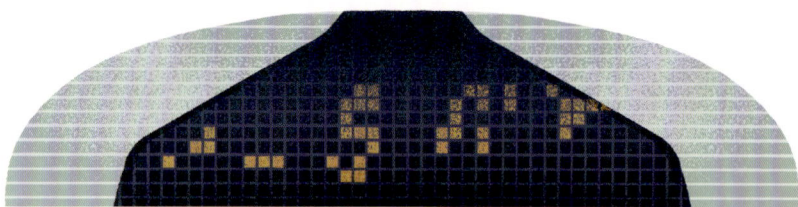

中国国家大剧院
北京
2007 年

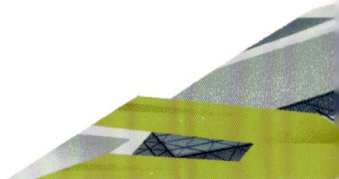

广州大剧院
广东 广州
2010 年

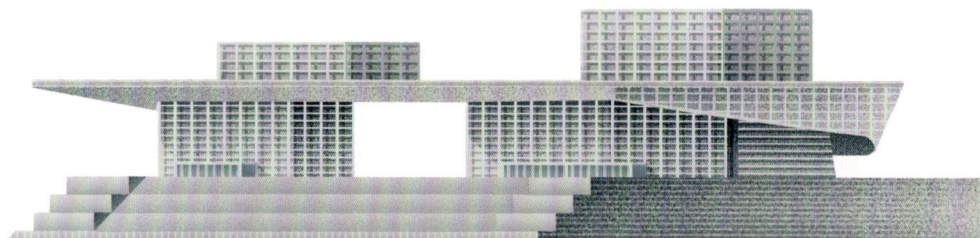

天津大剧院
天津
2012 年

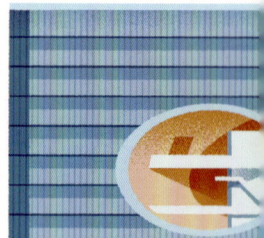

上海保利大剧院
上海
2014 年

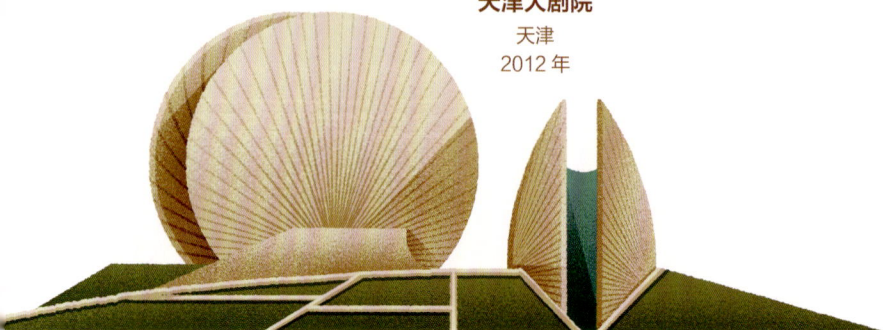

珠海大剧院
广东 珠海
2016 年

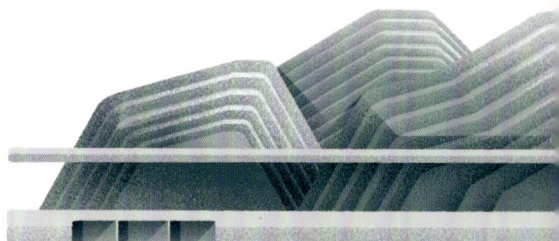

广西文化艺术中心
广西 南宁
2017 年

苏州湾大剧院
江苏 苏州
2020 年

首都剧场

北京
1955 年

上海大剧院

上海
1998 年

青岛大剧院

山东 青岛
2010 年

哈尔滨大剧院

黑龙江 哈尔滨
2015 年

坪山大剧院

广东 深圳
2019 年

太湖秀剧场

江苏 无锡
2019 年

南通大剧院

江苏 南通
2021 年

中央歌剧院剧场

北京
2022 年

城市里的国家一级博物馆

在清朝末期，公共博物馆的概念从西方引进中国，成为中国近代文化领域的一个重要组成部分。20世纪初，故宫博物院（1925年）、国立中央博物院（1933年）等大型博物馆就已相继成立。经过一个世纪的发展，如今博物馆早已成为我们生活中不可或缺的一部分。它们不仅仅是保护和展示历史文物的场所，更成为城市的文化中枢，为公众提供了一个探索历史、文化和艺术的平台。本小节图鉴收录的博物馆以全国首批国家一级博物馆为主。

▲ 湖南博物院
湖南 长沙

▲ 河南博物院
河南 郑州

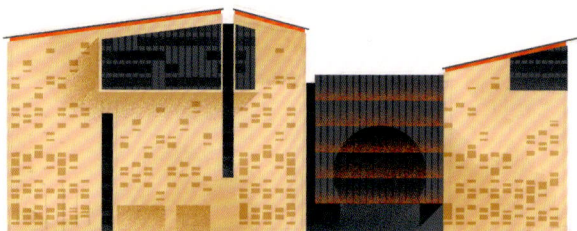

▲ 浙江省博物馆
浙江 杭州

▲ 南京博物院
江苏 南京

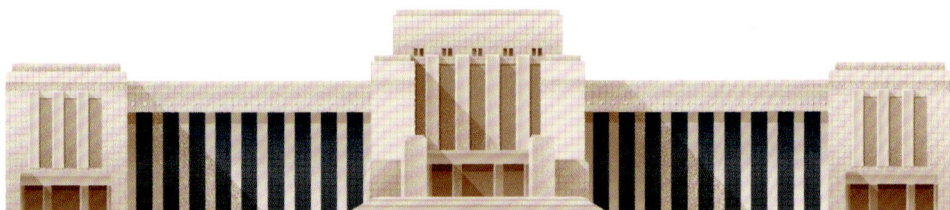

▲ 甘肃省博物馆
甘肃 兰州

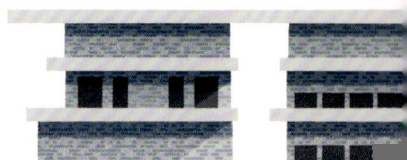

▲ 辽宁省博物馆
辽宁 沈阳

▲ 河北博物院
河北 石家庄

▲ 江西省博物馆
江西 南昌

▲ 青州博物馆
山东 潍坊

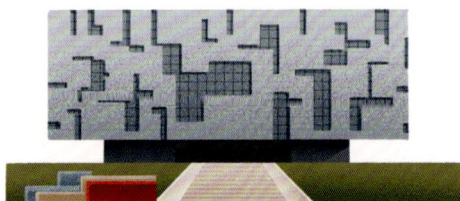

▲ 广东省博物馆
广东 广州

▲ 苏州博物馆
江苏 苏州

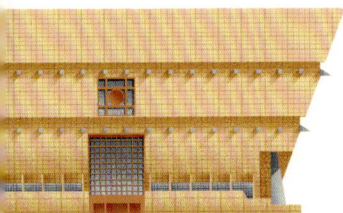

山西博物院
山西 太原

故宫博物院
北京

中国国家博物馆
北京

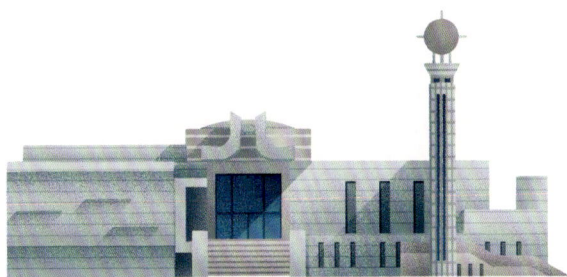

福建博物院
福建 福州

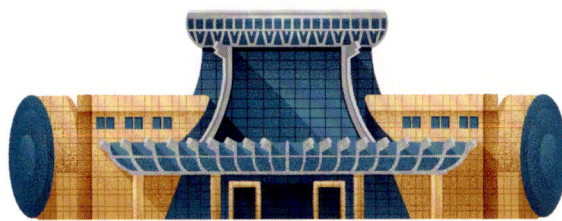

广西壮族自治区博物馆
广西 南宁

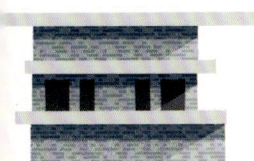

云南省博物馆
云南 昆明

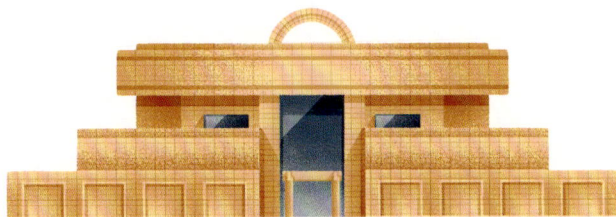

上海博物馆
上海

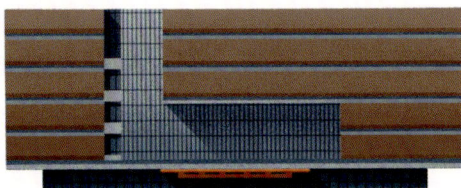

湖北省博物馆
湖北 武汉

安徽省博物馆
安徽 合肥

内蒙古博物院
内蒙古 呼和浩特

陕西历史博物馆
陕西 西安

三星堆博物馆
四川 德阳

博物馆里的镇馆之宝

本小节收录的文物均出自上一节图鉴里的博物馆。这些文物不仅是各博物馆的珍藏，更是其镇馆之宝，具有极高的历史、艺术和文化价值。

大禾人面纹方鼎
商
湖南博物院

晋侯鸟尊
西周
山西博物院

贾湖骨笛
新石器时代
河南博物院

良渚文化玉琮
新石器时代
浙江省博物馆

东汉铜奔马
东汉
甘肃省博物馆

白玉猪龙
新石器时代
辽宁省博物馆

长信宫灯
西汉
河北博物院

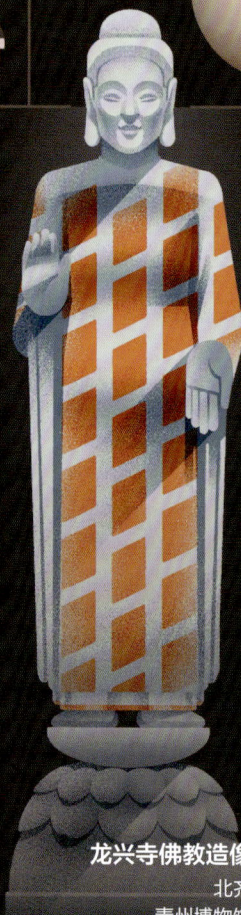

龙兴寺佛教造像
北齐
青州博物馆

双面神人青铜头像
商
江西省博物馆

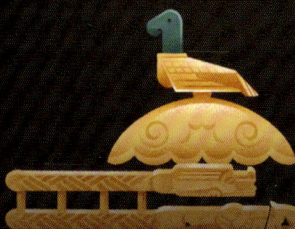

匈奴鹰顶金冠饰
战国
内蒙古博物院

信宜铜盉
西周
广东省博物馆

金瓯永固杯
清
故宫博物院

青铜大铙
西周
福建博物院

后母戊鼎
商
中国国家博物馆

金兽
西汉
南京博物院

羽纹铜凤灯
西汉
广西壮族自治区博物馆

大理国银鎏金镶珠金翅鸟
宋时期大理国
云南省博物馆

大克鼎
西周
上海博物馆

越王勾践剑
春秋
湖北省博物馆

铸客大鼎
战国
安徽省博物馆

秘色瓷莲花碗
五代
苏州博物馆

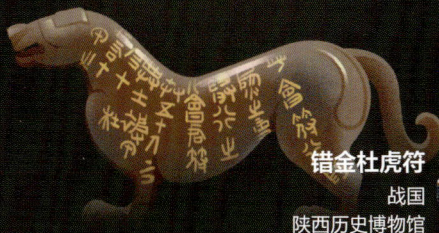

错金杜虎符
战国
陕西历史博物馆

青铜大立人像
约三千年前
三星堆博物馆

全国美术馆图鉴

    1936 年，中国第一座国家级美术馆在南京建成。1963 年，位于北京的中国美术馆正式对外开放。21 世纪后，越来越多的私立美术馆、小型美术馆出现在城市当中，不仅丰富了城市的文化景观，也激发了公众对艺术的兴趣和热爱，为城市文化艺术生活带来了更多乐趣。中国的美术馆不仅见证了中国艺术的发展和变迁，也成为推动文化繁荣和社会进步的重要力量。本小节图鉴收录了中国部分美术馆建筑。

江苏省美术馆
江苏 南京

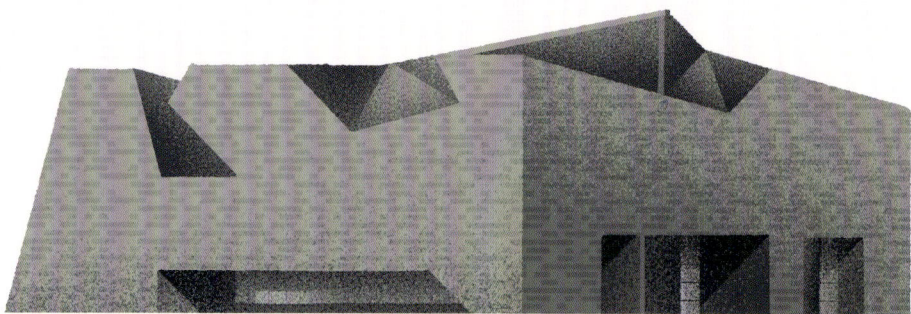

山东美术馆
山东 济南

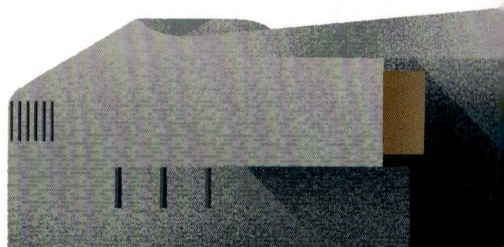

中央美术学院美术馆
北京

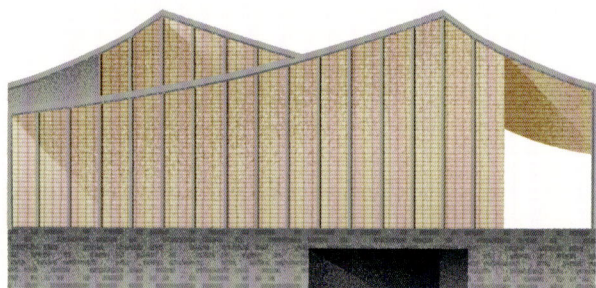

范曾艺术馆
江苏 南通

红砖美术馆
北京

木心美术馆
浙江 嘉兴

中国美术馆
北京

浙江美术馆
浙江 杭州

南京四方美术馆
江苏 南京

沭阳美术馆
江苏 宿迁

银川当代美术馆
宁夏 银川

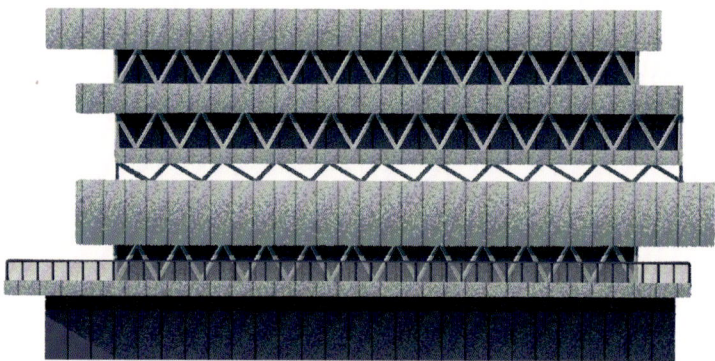

上海艺仓美术馆
上海

溶岩美术馆
贵州 黔西南布依族苗族自治州

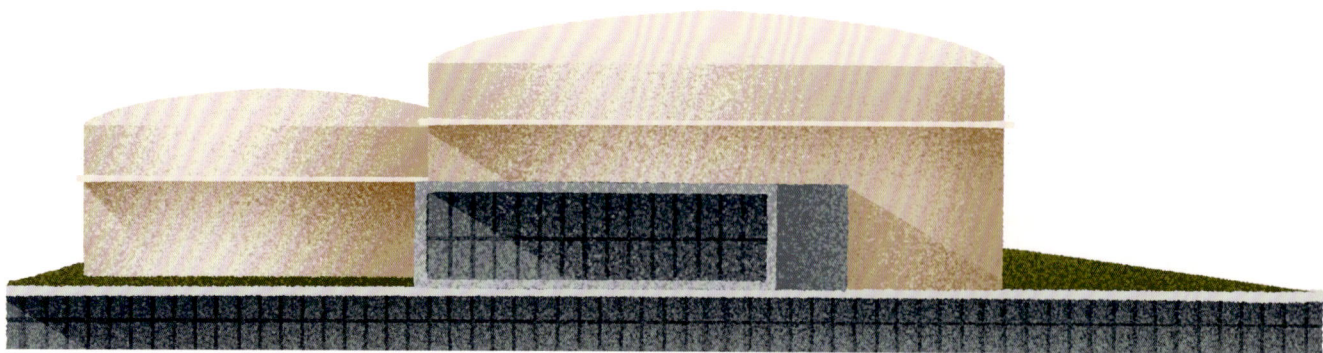

上海油罐艺术中心
上海

长江美术馆
山西 太原

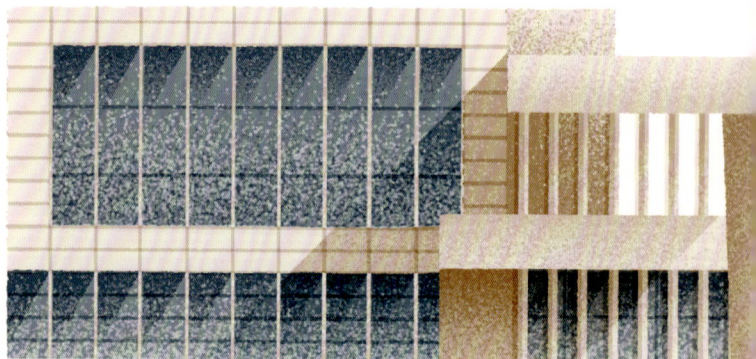

西岸美术馆
上海

TAG·西海美术馆
山东 青岛

松美术馆
北京

济宁市美术馆
山东 济宁

吉首美术馆
湖南 吉首

和美术馆
广东 佛山

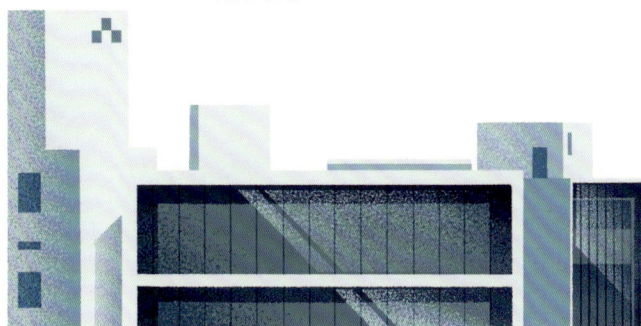
浦东美术馆
上海

参考文献

［1］朱鸿.长安大录［M］.西安:西安出版社,2015.

［2］黄河志编纂委员会.黄河志 卷十一 黄河人文志［M］.郑州:河南人民出版社,2017.

［3］梁志刚.话说长城［M］.北京:北京出版社,2020.

［4］金开诚,韩秀林.平遥古城［M］.长春:吉林文史出版社,2010.

［5］宣庆坤,吴涛.中国人文之旅 北京［M］.合肥:安徽科学技术出版社,2016.

［6］朱祖希.营城 巨匠神宫［M］.北京:北京出版社,2021.

［7］旺加.寻踪世界文化遗产——布达拉宫［M］.拉萨:西藏人民出版社,2015.

［8］谢宇.气势恢宏的宫殿建筑［M］.天津:天津科技翻译出版有限公司,2012.

［9］陈伯超,朴玉顺,等.盛京宫殿建筑［M］.北京:中国建筑工业出版社,2007.

［10］赵广超.紫禁城100［M］.北京:故宫出版社,2015.

［11］刘淑婷,等.中国传统建筑屋顶文化解读［M］.北京:机械工业出版社,2021.

［12］夏维中,韩文宁.明孝陵［M］.南京:江苏人民出版社,2014.

［13］梁思成.图像中国建筑史［M］.北京:生活·读书·新知三联书店,2011.

［14］梁思成.城语:梁思成建筑谈［M］.北京:当代世界出版社,2022.

［15］金开诚,韩秀林.孔府孔庙孔林［M］.长春:吉林文史出版社,2009.

［16］王俊.中国古代寺庙与道观建筑［M］.北京:中国商业出版社,2022.

［17］唐子畏.岳麓书院概览［M］.长沙:湖南大学出版社,2004.

［18］刘海峰,李兵.中国科举史(修订本)［M］.上海:东方出版中心,2021.

［19］张毅捷.说塔［M］.上海:同济大学出版社,2012.

［20］中国人民政治协商会议北京市委员会,黎晓宏.老北京述闻［M］.北京:北京出版社,2021.

［21］陈从周.苏州园林［M］.上海:同济大学出版社,2018.

［22］王其钧.中国园林图解词典［M］.北京:机械工业出版社,2021.

［23］梁雪.颐和园中的设计与测绘故事［M］.沈阳:辽宁科学技术出版社,2019.

［24］齐吉祥.中国历代珍宝鉴赏辞典［M］.郑州:文心出版社,1996.

［25］嘉木.中国佛像收藏鉴赏500问［M］.北京:中国轻工业出版社,2009.

［26］王其钧.盛世春光:中国园林［M］.上海:上海锦绣文章出版社,2007.

［27］北京市颐和园管理处,中国人民大学清史研究所.颐和园［M］.北京:北京出版社,1978.

［28］北京市颐和园管理处.中国古典园林造园艺术研究 纪念颐和园建园270周年学术论文集［M］.北京:
机械工业出版社,2021.

［29］安忠和,陈淑华.普宁寺之谜［M］.呼和浩特:远方出版社,2000.

［30］谢燕,王其钧.皇家园林［M］.北京:中国旅游出版社,2015.

［31］汪晓茜.南京历代经典建筑［M］.南京:南京出版社,2018.

［32］顾寒山.民国上海名人故居地图［M］.南京:江苏凤凰科学技术出版社,2020.

［33］刘诗平.汇丰金融帝国［M］.北京:中国方正出版社,2006.

［34］后晓荣,周莎,韩舒钇.给孩子的博物文化课:文物里的近代往事［M］.北京:中国纺织出版社,2022.

［35］田飞,李果.寻城记・武汉［M］.北京:商务印书馆,2012.

［36］武汉之旅编辑委员会.武汉之旅［M］.北京:中国地图出版社,2004.

［37］林德汤.发现中国 文化地标［M］.北京:北京出版社,2022.

［38］中国文物学会,中国建筑学会.中国20世纪建筑遗产名录(第一卷)［M］.天津:天津大学出版社,2016.

［39］刘屹立,徐振欧.南京民国建筑地图［M］.南京:江苏凤凰科学技术出版社,2018.